Einführung in die thomistische Metaphysik XII

Die menschliche Seele

Einführung in die thomistische Metaphysik XII

Die menschliche Seele

Miguel Grosso

Erstausgabe Juni 2024
Copyright © 2024 Miguel Alberto Grosso
ISBN 9798327899308
grossomiguel2005@yahoo.com.ar
Unabhängige Veröffentlichung
Alle Rechte vorbehalten

Originaltitel: *Introducción a la Metafísica Tomista XII*
El alma humana
Autor: Miguel Grosso (2020)

INHALTSVERZEICHNIS

1. WAS IST DIE SEELE?..1
2. DER URSPRUNG DER SEELE..14
3. DIE VEREINIGUNG VON SEELE UND KÖRPER..................19
4. DIE POTENZEN DER SEELE IM ALLGEMEINEN 30
5. DIE INTELLEKTUELLEN POTENZEN DER SEELE 45
6. DIE APPETITIVEN POTENZEN DER SEELE 51
7. DIE SEELE UND DER FREIE WILLE 59
8. DIE SEELE UND DAS WISSEN ÜBER DAS MATERIELLE 63
9. DIE SEELE UND DAS WISSEN ÜBER DAS IMMATERIELLE 80
10. GRUNDLEGENDE KONZEPTE ÜBER DIE SEELE 84
ZUM ABSCHLUSS..100
ENDNOTEN

1. WAS IST DIE SEELE?

I-Die Seele ist kein Körper (*Summa Theologica* I, q.75 a.1)

1-Die Seele ist das erste Prinzip der vitalen Operationen.

2-*Es ist offensichtlich, dass nicht jedes Prinzip der vitalen Operation eine Seele ist. Denn wenn dem so wäre, wäre das Auge eine Seele, da es das Prinzip des Sehens ist.* Das Herz ist das Prinzip der vitalen Operationen eines Tieres wie eines Hundes, aber es ist nicht seine Seele. Es ist ein Körper.

3-Es ist dem Körper als Körper nicht eigen, ein vitales Prinzip oder ein Lebewesen zu sein, fügt Sankt Thomas hinzu. Denn wenn es so wäre, dann wäre jeder Körper lebendig, insofern er ein solcher konkreter Körper ist.

4-Ein Körper ist lebendig und kann als solcher vitale Operationen ausführen, insofern er das erste Prinzip der vitalen Operationen hat, das heißt, insofern er eine Seele hat. Das Lebewesen wird durch die Anwesenheit der Seele in Akt gesetzt, um zu operieren.

5-Daher **ist die Seele nicht der Körper, sondern der Akt des Körpers**.

Es ist interessant, die drei in der *Summa Theologica* aufgeführten Gründe zu überdenken, nach denen die Seele ein Körper sei, sowie die Antworten des Angelischen Doktors, um ihre Falschheit zu beweisen:

1-Die Seele, als Beweger des Körpers, ist ein Beweger, der von einem anderen bewegt wird. Aber da jeder bewegte Beweger ein Körper ist, ist die Seele ein Körper.

Darauf antwortet Sankt Thomas: Wie Aristoteles lehrt, wird alles, was sich bewegt, von einem anderen bewegt. Da die kausale Beziehung der Bewegung nicht ins Unendliche geführt werden kann, muss man sagen, dass nicht jeder Beweger beweglich ist. In der Tat wissen wir, dass es mindestens einen unbewegten Ersten Beweger gibt, den der Stagirite Gott nannte. Dieser Erste Beweger bewegt sich weder substanziell noch akzidentell. Er erzeugt in den Seienden eine einheitliche Bewegung. Da die Alten nur an die Existenz der Körper glaubten, behaupteten sie, dass die Seele ein Körper sei und sich als solcher substanziell bewege.

2-Jede Erkenntnis erfolgt durch eine gewisse Ähnlichkeit. Wenn die Seele kein Körper wäre, könnte sie das Körperliche nicht erkennen.

Darauf antwortet Sankt Thomas: Die Alten kannten den Unterschied zwischen Akt und Potenz nicht. Dies führte sie dazu, ihre Prinzipien falsch zu formulieren. Streng genommen erfolgt die Erkenntnis zwar durch eine gewisse Ähnlichkeit, aber es ist nicht notwendig, dass diese Ähnlichkeit des Erkannten in der Natur dessen, der erkennt, im Akt ist. Es genügt, wenn sie in Potenz vorhanden ist. *Es verhält sich wie mit der Farbe, die nicht im Akt in der Pupille vorhanden ist, sondern nur in Potenz.* Fazit: Die Seele muss die Ähnlichkeit des Körperlichen nicht im Akt haben. Sie muss lediglich in Potenz zu dieser Ähnlichkeit stehen.

3-Zwischen dem Beweger und dem Bewegtsein muss ein gewisser Kontakt bestehen. Es gibt nur Kontakt zwischen Körpern. Da die Seele den Körper bewegt, ist die Seele ein Körper.

Darauf antwortet Sankt Thomas: Der Kontakt kann sowohl physisch als auch spirituell sein. Der physische Kontakt tritt auf, wenn ein Körper einen anderen berührt. *Der spirituelle Kontakt ermöglicht es, dass ein Körper von etwas Nicht-Körperlichem berührt wird, das den Körper antreibt.*

In der *Summa contra Gentiles* Buch II, Kapitel 65, vertieft Sankt Thomas das Prinzip, nach dem die Seele kein Körper ist:

1-Das lebende Seiende setzt sich aus Materie und Form oder aus Körper und Seele zusammen. Eines davon ist die Materie und das andere ist die Form. Nun kann der Körper nicht die Form sein, da er nicht in einem anderen ist, als ob er von diesem seine Materie erhielte. Daher ist die Seele die Form. Folglich ist die Seele kein Körper, da kein Körper Form ist.

2-Es ist unmöglich, dass zwei Körper gleichzeitig denselben Ort einnehmen. Andererseits ist die Seele nicht vom Körper getrennt, solange sie lebt. Sie umfasst den Körper und man kann sagen, dass sie gleichzeitig denselben Ort einnimmt wie er. Daher ist die Seele kein Körper.

3-Jeder Körper ist teilbar und benötigt deshalb etwas, das seine Teile verbindet und enthält. Wenn die Seele ein Körper wäre, müsste sie etwas haben, das sie enthält; und dieses Etwas, wenn es teilbar wäre, müsste wiederum etwas haben, das es enthält. So würde sich die kausale Kette ins Unendliche erheben oder wir müssten zu einem unteilbaren und nicht-körperlichen Etwas gelangen, der Seele. Daher ist die Seele kein Körper.

4-Jedes sich selbst bewegende Seiende, wie zum Beispiel ein Tier, kann in zwei Aspekten betrachtet werden: als Bewegendes, das nicht bewegt wird, insofern wir in ihm seine Seele betrachten; und als Bewegtsein, insofern wir in ihm seinen Körper betrachten. Da kein Körper bewegt, wenn er nicht bewegt wird, ist die Seele daher kein Körper.

5-Wir haben in früheren Bänden dieser *Einführung in die Thomistische Metaphysik* erklärt, dass Verstehen keine Operation des Körpers sein kann. Es ist ein Akt der Seele. Die sensitive Seele ist Seele und Körper. Daher ist zumindest die intellektive Seele kein Körper.

In diesem Kapitel bietet Sankt Thomas drei weitere Gründe an, nach denen die Seele ein Körper sei. Diese Gründe unterscheiden sich von denen, die er in der *Summa Theologica* dargelegt hat. Sehen wir uns an, welche das sind und welche Antworten der Aquinate gibt, um sie zu widerlegen:

1-*Der Sohn ähnelt dem Vater sogar in den Akzidentien der Seele, obwohl der Sohn vom Vater durch körperliche Teilung gezeugt wird.* Das heißt: obwohl die Eltern nicht die Seele des Kindes erzeugen, sondern Gott sie schafft. Folglich ist die Seele ein Körper.

Darauf antwortet Sankt Thomas: Die Disposition des Körpers ist manchmal die Ursache für die Leidenschaften der Seele. Daher sollte es nicht überraschen, dass Vater und Sohn, wenn sie sich körperlich ähneln, sich auch emotional ähneln.

2-Die Seele leidet zusammen mit dem Körper. Daher ist die Seele ein Körper.

Zu dem, was Sankt Thomas antwortet: Die Seele leidet mit dem Körper akzidentell. Als Form des Körpers und wenn dieser sich bewegt, bewegt sie sich akzidentell.

3-Die Seele trennt sich vom Körper und sich zu trennen ist eigen für tangierende Körper. Daher ist die Seele ein Körper.

Darauf antwortet der heilige Thomas: *Die Seele trennt sich vom Körper nicht als die Tangente dessen, was sie berührt, sondern als die Form der Materie.*

II-Die menschliche Seele ist Substanz (*Summa Theologica* I, q.75 a.2)

1-Die Seele ist das Prinzip der Operationen der Lebewesen.

2-Die vegetative Seele ist das Prinzip der Operationen der Pflanzen. Die sensitive Seele ist das Prinzip der Operationen der Tiere. Die rationale Seele ist das Prinzip der intellektuellen Operationen der Menschen. Nun: die menschliche Seele erfüllt auch vegetative und sensitive Operationen, die sie mit dem Körper teilt. Beide entwickeln diese. Aber sie allein, ohne irgendeine Beteiligung des Körpers, erfüllt die rein intellektuellen Funktionen, das heißt, die des tätigen Intellekts *(intellectus agens)*: die Abstraktion der Essenzen. Abstrahieren bedeutet, das Universelle vom Seienden intellektuell zu isolieren und es von seinen singulären oder besonderen Merkmalen zu trennen. Die Essenzen der Seienden zu abstrahieren, ist eine ausschließliche und ausschließende Funktion der menschlichen Seele, denn nur das, was ohne Körper Form ist, kann die Formen aller Seienden erkennen. Andere sekundäre intellektuelle Operationen teilt sie mit dem Körper, wie zum Beispiel alle, die die Beteiligung des Gehirns erfordern. Zum Beispiel: addieren, subtrahieren, sprechen, schreiben, etc.

3-Der Mensch kann durch das Verstehen die Natur aller Körper erkennen. Um eine Klasse von Seienden zu erkennen, ist es notwendig, dass in der eigenen Natur keines dieser Seienden enthalten ist, die erkannt werden sollen. Es ist offensichtlich, dass alles, was natürlich enthalten wäre, das Erkennen verhindern würde. *Beispiel: die Zunge eines Kranken, die biliös und bitter ist, nimmt das Süße nicht wahr, da alles bitter schmeckt.* Wenn die intellektuelle Seele die Natur von etwas Körperlichem enthalten würde, könnte sie nicht alle Körper erkennen. Sie könnte sie auch nicht verstehen, das heißt, ihre Essenz abstrahieren. Sie würde nur die Art von Körper erkennen oder verstehen, die sie enthält. Und es ist offensichtlich, dass unser Verstand offen ist, alles zu erkennen und zu verstehen.

4-So entwickelt die menschliche Seele in ihren intellektuellen Operationen Operationen, die unabhängig vom Körper sind. *Und nichts wirkt für sich selbst, wenn es nicht subsistent ist. Denn es wirkt nur das Sein im Akt; ebenso wirkt etwas so, wie es ist. So sagen wir nicht, dass die Wärme wärmt, sondern das Warme.*

5-Zusammenfassend: die menschliche Seele ist Substanz, sie ist kein Akzidens des Körpers. Sie ist unkörperlich und subsistent.

Für die Tätigkeit des Verstandes ist der Körper erforderlich, nicht als ein Organ, durch das die Operation ausgeführt wird, sondern wegen des Objekts, dessen Darstellung im Bild (phantasma) *für den Verstand das ist, was die Farbe für das Auge ist. Aber so den Körper zu benötigen, widerspricht nicht der Subsistenz des Verstandes; denn andernfalls wäre auch das Tier nicht subsistent, das zum Fühlen die äußeren Sinnesobjekte benötigt.*[1]

III-Die Seele des irrationalen Tieres ist keine Substanz (*Summa Theologica* I, q.75 a.3)

1-Wie Aristoteles lehrt, wird, wenn man alle Operationen der Seele betrachtet, nur das Verstehen ohne körperliches Organ ausgeführt. Im Gegensatz dazu werden die eigenen Operationen der vegetativen und sensitiven Seele *mit einer körperlichen Veränderung ausgeführt*. So wäre es unmöglich, Nahrung ohne Beteiligung der körperlichen Organe zu verdauen.

2-Es ist daher offensichtlich, dass weder die vegetative noch die sensitive Seele eine eigene Operation hat. Im Gegenteil, alle ihre Operationen sind mit dem Körper verbunden.

3-Da die Seele des irrationalen Tieres in ihren Operationen vegetative und sensitive Funktionen erfüllt, wirkt sie niemals für sich selbst, sondern nur in Verbindung mit dem Körper. Folglich, da *das Wirken dem Sein* folgt, schließen wir, dass sie keine subsistente Seele ist. Also ist die Seele des irrationalen Tieres keine Substanz.

IV-Die menschliche Seele ist nicht der Mensch (*Summa Theologica* I, q.75 a.4)

1-Sankt Thomas reflektiert über die Aussage: *Die Seele ist der Mensch*. Er lehrt uns, dass dies zwei Interpretationen haben kann.

2-Die erste Interpretation hat ihren Ursprung in der Lehre, der Seele die Spezifität des Menschen zuzuschreiben. Das heißt: der Mensch wird innerhalb der Gattung Tier durch seine Seele zur Art. Nach dieser Auffassung würde es der Form entsprechen, die Art zu bestimmen. Daher bildet die Seele als Form des Körpers die menschliche Art innerhalb der Gattung Tier. So verstanden, wiederholen sie: *Die Seele ist der Mensch*. Aber es ist klarzustellen, dass dieser konkrete Mensch nicht die Seele ist. Auf keinen Fall. Dieser konkrete Mensch ist eine Zusammensetzung von Körper und Seele. Seine Essenz ist Materie und Form. Die spezifische

Natur des Menschen entspricht weder der Form allein noch der Materie allein, sondern der Materie und der Form. Sie drückt beide aus. Sie drückt das Zusammengesetzte aus. Somit ist die erste Interpretation nicht gültig.

3-Die zweite Interpretation wird in diesem anderen Ausdruck übersetzt: *Diese Seele ist dieser Mensch.* Aber auch diese Art der Interpretation ist nicht korrekt, da die vegetativen und sensitiven Operationen der Seele gemeinsam mit dem Körper ausgeführt werden. Es wäre akzeptabel, wenn alle dem Menschen zugeschriebenen Operationen nur der Seele entsprächen, *da jede Sache das ist, wodurch sie ihre Operationen ausführt*. Daher ist auch die zweite Interpretation nicht gültig.

4-Also ist die menschliche Seele nicht der Mensch, sondern ein Teil des Menschen. Die menschliche Natur ist Seele und Körper, Materie und Form. Das ist die Essenz des Menschen und die Essenz dieses konkreten Menschen. Zusammenfassend: die Formel *Die Seele ist der Mensch* ist nicht gültig.

V-Die menschliche Seele ist kein Zusammengesetztes aus Materie und Form (*Summa Theologica* I, q.75 a.5)

1-Die Seele hat keine Materie. Dies kann auf zwei Arten bewiesen werden.

2-Die erste beweist, dass die Seele keine Materie hat, indem sie vom Begriff der Seele im Allgemeinen ausgeht. Die Seele ist die Form eines Körpers. Und sie ist es entweder in ihrer Gesamtheit oder in Teilen. Nämlich:

2.1.Wenn die Seele in ihrer Gesamtheit ein Zusammengesetztes aus Materie und Form wäre, würden wir in der Seele einen Teil unterscheiden, der als Form im Akt ist (weil die Form immer Akt ist), und einen anderen Teil, der Materie hat, in Potenz (weil die Materie immer Potenz ist). Aber das ist unmöglich, da Akt und Potenz sich widersprechen.

2.2.Wenn die Seele nur teilweise Materie wäre, dann müssten wir die Form richtig Seele nennen und die Materie "ersten Beseelten".

3-Der zweite Weg, der beweist, dass sie nur Form ist, geht vom Begriff der menschlichen Seele aus, insofern sie intellektuell ist. *Es ist offensichtlich, dass alles, was in etwas enthalten ist, nach der Weise des Seins des Behälters enthalten ist.* Die Seele erkennt gemäß ihrer eigenen *essentia*. Sie erkennt aufgrund der vorher existierenden intelligiblen Spezies. Wenn diese Materie und Form wären (weil die intellektive Seele Materie und Form wäre), dann könnten sie nur die einzelnen Seienden erfassen, die aus Materie und Form bestehen. Die Spezies könnten die reinen Formen oder Essenzen nicht erkennen, weil die Zusammensetzung der Materie dies verhindern würde. Erinnern wir uns daran, dass die Seienden uns gemäß den Formen (Spezies) bekannt sind, die sich in uns befinden. Wir würden wie die Tiere erkennen, unfähig, die Essenz der Seienden zu durchdringen.

Denn wenn die intellektuelle Seele aus Materie und Form zusammengesetzt wäre, würden die Formen der Dinge in sie als Individuen aufgenommen werden, und so würde sie nur das Individuum erkennen: genauso wie es bei den sinnlichen Kräften geschieht, die Formen in ein körperliches Organ aufnehmen; da Materie das Prinzip ist, durch das Formen individualisiert werden. Es folgt daher, dass die intellektuelle Seele und jede intellektuelle Substanz, die Formen absolut kennt, von der Zusammensetzung aus Materie und Form befreit ist.$_2$

4-Die menschliche Seele erkennt wie die Engel die Formen absolut. Daher fehlt ihr die Zusammensetzung aus Materie und Form.

VI-Die menschliche Seele ist nicht verderblich (*Summa Theologica* I, q.75 a.6)

1-Ein Seiendes kann auf zwei Arten verderben.

2-Die erste Art ist substantiell. Die zweite Art, akzidentell.

3-Die Substanz verdirbt substantiell. Sie kann nicht akzidentell verderben, das heißt, *durch die Erzeugung oder das Verderben einer anderen Sache.* Denn jedes Seiende wird gemäß seiner eigenen Weise des Seins erzeugt oder verdirbt. Was nicht Substanz ist, das heißt, was nicht subsistiert, wie es bei den Akzidenzien und den materiellen Formen der Fall ist (z.B. die vegetativen Seelen der Pflanzen und die sensitiven der irrationalen Tiere), verdirbt durch die Zusammengesetzten, die das Seiende bilden.

4-Die Seele des irrationalen Seienden verdirbt, wenn der Körper eines solchen Seienden verdirbt.

5-Die menschliche Seele verdirbt nicht, auch wenn der Körper, dessen Form sie ist, verdirbt. Die menschliche Seele ist kein Akzidens des Körpers, sie ist eine substanzielle Form.

6-Zusammengefasst, sagen wir, dass die menschliche Seele nicht verderblich ist:

6.1-Weil sie eine substanzielle Form ist. *Was jemandem substantiell zukommt, ist ihm untrennbar.* Das Sein kommt der Form substantiell zu. Es ist unmöglich, dass die Form sich von sich selbst trennt. *Daher ist es auch unmöglich, dass die subsistente Form aufhört zu sein.* Die Seele ist als Form Akt und verleiht dem Körper, der Materie und Potenz ist, das Sein. Deshalb kann sie sich vom Körper trennen. Wenn sie dies tut, entzieht sie ihm das Sein und überlässt ihn der Verderbnis.

6.2-Weil selbst unter der Annahme, dass die Seele aus Materie und Form zusammengesetzt wäre, sie unvergänglich wäre. *Denn Verderbnis gibt es nur dort, wo Gegensätzlichkeit besteht, da Generationen und Verderbnisse aus Gegensätzen entstehen und in Gegensätzen vorkommen.* In der intellektiven Seele gibt es keine Gegensätzlichkeit: was sie empfängt, empfängt sie gemäß ihrer Weise des Seins. *Und das, was in ihr empfangen wird, hat keine Gegensätzlichkeit, weil selbst die Begriffe der Gegensätze im Verstand keine Gegensätze sind, sondern es nur eine einzige Wissenschaft der Gegensätze gibt.*

6.3-Weil jedes Seiende von Natur aus, seinem Modus entsprechend, das Sein begehrt. In den Seienden, die erkennen können, folgt das Begehren dem Wissen. *Der Sinn erkennt das Sein nur unterworfen dem Hier und Jetzt, während der Verstand das Sein absolut und immer begreift. Deshalb begehrt alles, was Verstand hat, von Natur aus, immer zu existieren. Ein naturgemäßes Begehren kann kein leeres Begehren sein.*

In der *Summa contra Gentiles* Buch II, Kapitel 79, bietet Sankt Thomas weitere Argumente, um zu beweisen, dass die menschliche Seele unvergänglich ist.

In der *Summa contra Gentiles* Buch II, Kapitel 55, befasste sich der Aquinate mit der Unvergänglichkeit der intellektuellen Substanzen im Allgemeinen, von denen eine die menschliche Seele ist. Wir haben dieses Kapitel in unserer *Einführung in die tomistische Metaphysik XI* unter dem Titel: *Die Substanz der Engel* behandelt. Um uns nicht zu wiederholen und aus Gründen der Kürze verweisen wir darauf.

Deshalb werden wir uns nun ausschließlich mit dem Inhalt von Kapitel 79 befassen, das uns reichliche Gründe liefert, um diese Behauptung zu beweisen: Die menschliche Seele verdirbt nicht, wenn der Körper verdirbt:

1-Kein Seiende verdirbt durch das, was seine Vollkommenheit ausmacht. So wird zum Beispiel *die menschliche Seele durch Wissenschaft und Tugend vervollkommnet, die genau in einer gewissen Abstraktion vom Körper bestehen. Nach der Wissenschaft wird* die menschliche Seele *umso vollkommener, je immaterieller die Dinge sind, die sie betrachtet. Nach der Tugend besteht die Vollkommenheit des Menschen darin, nicht den Leidenschaften des Körpers zu folgen, sondern sie gemäß der Vernunft zu mäßigen und zu beherrschen.* Daher können wir sagen, *dass die Verderbnis der Seele nicht in ihrer Trennung vom Körper besteht.*

2-*Das Handeln folgt dem Sein.* Daher beweist die Operation eines Seienden seine Substanz. Daraus folgt, dass die Operation eines Seienden nicht ohne gleichzeitige Vervollkommnung des Seienden selbst, das heißt seiner Substanz, vervollkommnet wird. Einige behaupten, dass die Operationen der Seele vervollkommnet werden, wenn die Seele den Körper verlässt. Gleichzeitig sagen sie jedoch, dass die Seele in ihrer Substanz verdirbt, wenn sie den Körper verlässt. Diese Behauptung ist falsch. Denn selbst wenn sie recht hätten, dass das Handeln der Seele sich beim Verlassen des Körpers vervollkommnet, folgt das Handeln dem Sein, und die Vervollkommnung des Handelns impliziert die Vervollkommnung des Seienden. Die unkörperliche Substanz der Seele wird daher nicht aufhören, das zu sein, was sie ist, das heißt, sie wird nicht verderben.

3-Das Verstehen ist der menschlichen Kreatur eigen. *Es bezieht sich auf das Universelle und das Unvergängliche als solches, und die Vollkommenheiten müssen auf ihre Perfektiblen abgestimmt sein. Daher ist die menschliche Seele unvergänglich.*

4-Ein natürlicher Wunsch ist niemals vergeblich. Der Mensch wünscht von Natur aus die Ewigkeit. Deshalb begehren wir alle das Sein, das Existieren. Im Unterschied zu den irrationalen Tieren, die das gegenwärtige Sein begehren, begehrt der Mensch aufgrund seiner intellektiven Seele (seines Verstandes) das Sein im Absoluten. *Daher erreicht der Mensch durch die Seele, durch die er das Sein absolut und dauerhaft erfasst, die Ewigkeit.*

5-Das Empfangene in einem anderen passt sich der Weise des Seins seines Behälters an. Die intelligiblen Formen der Dinge werden im möglichen Verstand als intelligible Formen im Akt empfangen. Die Formen sind universal und folglich unvergänglich. Daher ist der *intellectus possibilis* unvergänglich. Der *intellectus possibilis* ist Teil der Seele. Folglich ist die menschliche Seele unvergänglich.

6-Die intelligiblen Formen unseres Verstandes sind dauerhafter als die sinnlichen Formen unserer körperlichen Organe. Das erste Behältnis der sinnlichen Formen ist die Urmaterie, die unvergänglich ist. Das Behältnis der intelligiblen Formen ist der *intellectus possibilis*. Wenn das erste unvergänglich ist, wird der zweite umso mehr unvergänglich sein. Folglich ist die menschliche Seele, zu der der *intellectus possibilis* gehört, unvergänglich.

7-Aristoteles sagt: *Der, der macht, ist edler als das Gemachte,* das heißt, er ist vollkommener. Nun, der *intellectus agens* macht die intelligiblen Formen im Akt aus den *phantasmata*. Wenn also die intelligiblen Formen im Akt, insofern sie solche sind, unvergänglich sind (das Gemachte ist unvergänglich), werden umso mehr der *intellectus agens* (der sie macht) unvergänglich sein. Daher ist die menschliche Seele, deren Licht der *intellectus agens* ist, unvergänglich.

8-Die Form vergeht: durch die Wirkung ihres Gegenteils (die Wärme verschwindet durch die Kälte), durch die Verderbnis ihres Subjekts (wenn das Auge zerstört wird, verschwindet die Sehkraft) oder durch das Versagen ihrer Ursache (die Luft verliert ihre Helligkeit, wenn die Sonne verschwindet). Keiner dieser Fälle kann bei der menschlichen Seele eintreten. Sie kann nicht durch die Wirkung ihres Gegenteils verderben, da sie keines besitzt. In ihrem *intellectus possibilis* ist sie Erkennerin und Empfängerin aller Gegensätze. Sie kann auch nicht durch die Verderbnis ihres Subjekts verderben, da sie eine Form ist, die nicht vom Körper im Hinblick auf das Sein abhängt. Im Gegenteil, sie verleiht dem Körper das Sein. Schließlich leidet sie auch nicht unter dem Versagen ihrer Ursache, *da sie keine andere Ursache als die ewige haben kann, wie später gezeigt wird*. Daher ist die menschliche Seele unvergänglich.

9-Es besteht eine Beziehung der Seele zum Körper, die in Bezug auf die Betrachtung der Verderbnis der Seele mindestens zwei Dimensionen zulässt. In einer ersten Dimension betrachten wir die Operationen, die die Seele zusammen mit dem Körper ausführt. Das heißt: die Operationen des Zusammengesetzten. Zum Beispiel: sehen, essen, gehen, lesen, usw. In diesem Fall beeinträchtigt die Krankheit des Körpers die Kräfte der Seele und hindert sie am Operieren. Aber sie trennt sie nicht endgültig ab. Die Krankheit des Körpers beeinträchtigt die Seele nur akzidentell. So ist der Fall eines Menschen, der aufgrund einer starken Erkältung nicht riechen kann. Wenn er davon geheilt ist, erlangt er den Geruchssinn zurück. Oder jemand wird blind, aber erhält sein Sehvermögen durch einen chirurgischen Eingriff zurück. Dies beweist, dass in keinem der Fälle die Fähigkeiten der Seele beeinträchtigt wurden, sondern nur die Kräfte des Körpers. In einer zweiten Dimension betrachten wir die Operationen der Seele, die keines körperlichen Organs bedürfen. Dies sind die, die der Verstand ausführt, indem er die Essenzen der Seienden abstrahiert. Der Verstand *wird weder wesentlich noch akzidentell geschwächt, weder durch das Alter noch durch irgendeine andere körperliche Schwäche. Er kann sich beim Operieren durch Müdigkeit oder ein anderes Hindernis, das durch eine körperliche Krankheit verursacht wird, beeinträchtigt fühlen, aber dies geschieht nicht aufgrund seiner eigenen Schwäche, sondern aufgrund der Schwäche jener Kräfte, deren sich der Verstand bedient, wie der Vorstellungskraft, des Gedächtnisses und der Denkfähigkeit.* All dies beweist, dass der Verstand unvergänglich ist. Daher ist die menschliche Seele, die wesentlich intellektuell ist, unvergänglich.

2. DER URSPRUNG DER SEELE

Es ist nun zu untersuchen, wie sich die Seele dem Menschen mitteilt.

In der *Summa contra Gentiles* Buch II, Kapitel 86, beginnt Sankt Thomas die Untersuchung mit Überlegungen dazu, wie sie seiner Meinung nach **nicht** mitgeteilt wird. Er behauptet: *Die menschliche Seele wird nicht durch die Übertragung des Samens mitgeteilt*:

1-Jedes Seiende wirkt, insofern es existiert. Die Operationen, deren Anfang ohne den Körper nicht existieren kann, können nur durch den Körper erklärt werden. Sie existieren durch den Körper. Die vegetative Seele und die sensitive Seele können ihre Operationen nicht ohne die Intervention der jeweiligen körperlichen Organe ausführen. Im Gegensatz dazu ist die Operation der intellektiven Seele eigenständig und erfordert keine Intervention irgendeines körperlichen Organs. Da die Übertragung des Samens auf die Erzeugung des Körpers ausgerichtet ist, folgt daraus, dass die vegetative und sensitive Seele durch die Übertragung des Samens zu existieren beginnen, nicht jedoch die intellektive Seele.

2-Angenommen, die menschliche Seele würde durch die Übertragung des Samens zu existieren beginnen, könnte dies nur auf zwei Arten geschehen:

2.1.**Die erste Art**: wenn die menschliche Seele im Samen getrennt von der Seele des Erzeugers existierte, was akzidentell geschieht. In diesem Fall könnte der Samen die Seele des Gezeugten erzeugen. Um dieses Beispiel zu verstehen, können wir auf einen realen Fall verweisen. Der eines Körpers mit einer sensitiven Seele, der geteilt werden kann und durch diese Teilung sich vervielfältigt. So dass bei jeder Teilung auch die Seele vervielfältigt wird. Dies ist der Fall des Regenwurms. Wenn er geteilt wird, überlebt ein Teil und der andere regeneriert sich nach einigen Tagen. So hat dieses Tier vor der Teilung eine Seele im Akt und eine im Potenz. Und in jedem Teil, der durch die Teilung entsteht, existiert eine Seele.

2.2.Die zweite Art: wenn im Samen eine Kraft existiert, die die intellektive Seele erzeugt. In diesem Fall sagt man, dass die Seele potenziell im Samen existiert, aber nicht aktuell.

Beide Arten sind unmöglich.

Die erste aus zwei Gründen: 1-Weil die intellektive Seele, da sie die höchste Vollkommenheit hat, einen Körper benötigt, der eine große Vielfalt an Organen besitzt, durch die sie ihre vielfältigen Operationen ausführen kann. *Daraus folgt, dass sie sich im getrennten Samen nicht im Akt konstituieren kann, weil nicht einmal die Seelen der vollkommenen irrationalen Tiere* (z.B. Pferd) *sich durch Teilung vermehren*, wie es beim Regenwurm, einem begrenzten und äußerst unvollkommenen irrationalen Tier, der Fall ist. 2-weil die intellektive Seele unteilbar ist.

Was die zweite Art betrifft, müssen wir sagen, dass die Potenz des Samens dazu geeignet ist, die Erzeugung zu bewirken, indem sie eine Umwandlung im Körper hervorruft, auf den sie gerichtet ist. Jede Form, deren Existenz durch eine Transmutation der Materie beginnt, existiert abhängig von der Materie, *weil die Transmutation die Materie vom Potenz zum Akt bringt, und auf diese Weise erreicht die Materie ihre aktuelle Vollkommenheit durch die Vereinigung mit der Form*. Wenn die Form auf diese Weise zu existieren beginnt, dann existiert sie, insofern sie sich mit der Materie vereint. Und sie existiert abhängig von der Materie. Wenn die menschliche Seele durch den Samen das Sein erhielte, dann würde ihr Sein von der Materie abhängen. Und wir wissen, dass ihr Sein nicht von der Materie abhängt. Folglich empfängt die intellektive Seele das Sein nicht durch die Übertragung des Samens.

3-Aus dem bisherigen ergibt sich klar:

3.1-Jede Form, die das Sein durch die Transmutation der Materie empfängt, ist eine Form, die durch die Kraft der Materie selbst erzeugt wird. Die Transmutation der Materie besteht darin, sie vom Potenz zum Akt zu bringen.

3.2-Dass die intellektive Seele nicht durch die materielle Potenz erzeugt werden kann. Die Seele übersteigt die Macht der Materie, da ihre Hauptoperation, die Intellektion, kein körperliches Organ erfordert.

Folglich empfängt die intellektive Seele, da sie nicht durch materielle Transmutation erzeugt wird, auch das Sein nicht durch die aktive Kraft, die im Samen existiert.

4-Keine Potenz wirkt höher als ihr eigenes Wesen. Die intellektuelle Seele übersteigt alle Arten von Körpern, da ihre Operation, die Intellektion, keine Verbindung irgendeiner Art mit dem Körper hat. Dementsprechend kann keine körperliche Kraft die intellektuelle Seele hervorbringen. Der Körper kann die Seele nicht produzieren. Es sollte daran erinnert werden, dass die aktive Kraft des Samens vom Körper stammt. Folglich kann die intellektuelle Seele das Sein nicht durch die aktive Samenkraft empfangen.

5-Sankt Thomas hält es für **lächerlich zu behaupten**, dass eine intellektuelle Substanz wie die Seele durch die Teilung des Körpers geteilt wird oder durch irgendeine körperliche Potenz erzeugt wird. Folglich ist es unhaltbar, dass die menschliche Seele:

5.1.Durch die Teilung des Samens geteilt wird, ähnlich wie sich der Körper des Regenwurms teilt.

5.2.Das Sein durch die aktive Kraft, die im Samen existiert, empfängt.

6-*Wenn die Generation von etwas der Grund dafür ist, dass etwas existiert, wird seine Korruption dazu führen, dass es aufhört zu existieren.* Wir wissen, dass die Seele unsterblich ist, da die Korruption des Körpers nicht dazu führt, dass sie aufhört zu existieren. Daher ist die Generation des Körpers auch nicht die Ursache dafür, dass sie beginnt zu existieren. Zur entsprechenden Zeit ist die Samenübertragung die eigentliche Ursache für die Entstehung des Körpers. Dies ermöglicht uns zu schließen, dass die aktive Kraft des Samens nicht die Ursache für die Produktion des Seelenwesens ist.

In der *Summa contra Gentiles* Buch II, Kapitel 87, zeigt Sankt Thomas mit mehreren Argumenten, dass *die menschliche Seele durch göttliche Schöpfung existiert*:

1-Jedes Seiende empfängt das Sein:

1.1. Durch wesentliche oder akzidentelle Generation
1.2. Durch Schöpfung

Es wurde gezeigt, dass die menschliche Seele nicht wesentlich erzeugt wird, weil sie nicht aus Materie und Form besteht. Es wurde auch gezeigt, dass sie nicht akzidentell erzeugt wird, weil sie nicht aus der aktiven Kraft des Samens hervorgeht.

Die menschliche Seele ist nicht ewig, weil sie in einem Moment der Zeit zu existieren beginnt. Sie existierte auch nicht vor dem Körper.

Somit bleibt festzustellen, dass die menschliche Seele durch Schöpfung existiert. Nur Gott erschafft. Folglich empfängt die menschliche Seele das Sein direkt von Gott.

2-Die menschliche Seele ist rein immateriell. Sie kann nicht aus etwas Materiellem gemacht werden. Es bleibt also nur der Schluss, dass sie aus dem Nichts erschaffen wird. Dies kann nur Gott tun. Folglich empfängt die menschliche Seele das Sein direkt von Gott.

3-Jedes Seiende derselben Gattung hat die gleiche Art, das Sein zu empfangen. Die menschliche Seele gehört zur Gattung der intellektuellen Substanzen. Diese empfangen das Sein (*esse*=existieren) durch Schöpfung. Nur Gott erschafft. Folglich empfängt die menschliche Seele das Sein direkt von Gott.

4-Die Seele ist kein Körper, folglich ist das Prinzip ihrer Existenz nicht die Verbindung von Materie und Form. Ich sage: Sie beginnt ihre Existenz nicht durch die Verbindung von Materie und Form. Folglich empfängt sie das Existieren direkt. *Das Sein* (esse=existieren) *als solches ist der eigentliche Effekt des ersten und universellen Agens* (Gott), *da die sekundären Agente (Pflanzen, Tiere, Menschen) wirken, indem sie den geschaffenen Dingen Ähnlichkeiten ihrer Formen einprägen, die Formen des Geschaffenen sind.* Folglich empfängt die menschliche Seele das Sein direkt von Gott.

3. DIE VEREINIGUNG VON SEELE UND KÖRPER

I-Das intellektuelle Prinzip vereinigt sich mit dem Körper als Form (*Summa Theologica* I, q.76 a.1)

1-Kein Seiendes handelt, es sei denn, es ist im Akt. Und es handelt aufgrund dessen, was es im Akt sein lässt.

2-Das, was ein Seiendes im Akt sein lässt, ist die Form. Also handelt das Seiende durch seine Form.

3-Die Form des Körpers ist die Seele. Es ist auch die Form des Menschen als solcher. Der Mensch lebt durch die Seele. *Die Seele ist das Erste, durch das wir uns ernähren, fühlen und uns örtlich bewegen; ebenso ist sie das Erste, durch das wir verstehen.*

4-Die Natur eines jeden Körpers manifestiert sich durch seine Operation. Die eigene Operation des Menschen als Mensch ist das Verstehen. Durch diese Operation unterscheidet er sich und übertrifft alle Tiere. *Daher ist es notwendig, dass der Mensch seine Art von dem nimmt, was das Prinzip einer solchen Operation ist. Nun, den Seienden kommt die Art in ihrer eigenen Form. Daher ist es notwendig, dass das intellektuelle Prinzip die Form des Menschen ist.*

5-Zwischen den Formen kann von Kategorien gesprochen werden. Das heißt, von Formen höherer und niedrigerer Kategorie. Wir beobachten, dass je höher die Kategorie einer Form ist, desto mehr beherrscht sie die materielle Substanz, desto weniger ist sie darin eingetaucht und desto mehr treibt sie sie durch ihr Wirken und ihre Fähigkeit voran. In diesem Sinne haben pflanzliche Formen (pflanzliche Seele) eine niedrigere Kategorie als tierische Formen (sensitive Seele) und diese eine niedrigere Kategorie als menschliche Formen (menschliche Seele).

6-Die höhere Kategorie der menschlichen Seele erlaubt es uns zu behaupten, dass ihre Kraft die Kraft der körperlichen Materie übertrifft.

Und sie besitzt eine Fähigkeit, die ihr fehlt, die man Verstand oder intellektuelle Seele nennt. Ihre Operationen nennen wir intellektuelle Operationen.

II-Der Mensch hat eine einzige Seele (*Summa Theologica* I, q.76 a.3)

1-Platon hielt an der Vielzahl von Seelen in Lebewesen fest. Er schrieb jeder von ihnen verschiedene lebenswichtige Handlungen zu. Er sagte, dass *die ernährende Kraft in der Leber lag; die begehrende Kraft im Herzen; die erkennende Kraft im Gehirn*. Er platzierte sie nicht nur in verschiedenen Körperteilen. Er war auch der Meinung, dass sie diese Organe nutzten, um ihre eigenen Handlungen auszuführen.

2-Aristoteles lehnt diese platonische Lehre ab.

3-Die Seele ist mit dem Körper als Form und nicht als Beweger verbunden. Daher ist es unmöglich, dass in einem einzigen Körper viele wesentlich unterschiedliche Seelen vorhanden sind: eine vegetative Seele, eine sensitive Seele und eine intellektuelle Seele. Dies kann durch drei Gründe bewiesen werden. Wir werden nur zwei nennen.

4-Der erste Grund: Das Seiende, in dem viele Seelen wären (das heißt, viele Formen), wäre nicht wesentlich eins. Ein Seiendes ist wesentlich eins aufgrund der einzigen Form, durch die es Sein hat. Genau wie es Sein hat, hat es Einheit.

5-Der zweite Grund: *Wenn eine Handlung der Seele intensiv ist, hindert sie die andere*. Und das geschieht, weil das Prinzip der Handlungen (das heißt, die Form oder die Seele) wesentlich eins ist.

6-Schlussfolgerung: Die vegetative Seele, die sensitive Seele und die intellektuelle Seele im Menschen sind dieselbe und einzige Seele. Sie sind wesentlich dieselbe intellektuelle oder rationale Seele.

*Daher umfasst die intellektuelle Seele potenziell alles, was in der sensitiven Seele der nicht rationalen Seienden und in der vegetativen Seele der Pflanzen vorhanden ist. Daher hat eine pentagonale Oberfläche nicht teilweise die Form eines Vierecks und teilweise die eines Pentagon, da das erste überflüssig ist, da es im zweiten enthalten ist, genauso ist Sokrates nicht Mensch aufgrund einer Seele und Tier aufgrund einer anderen, sondern er ist es durch dieselbe.*₃

7-Die vegetative Seele ist vergänglich in der Pflanze, ebenso wie die sensitive Seele im Tier. Aber beide sind unvergänglich im Menschen. Wenn die vegetative Seele und die sensitive Seele auch intellektuell sind, sind sie unvergänglich. Obwohl das Pflanzliche und das Sensitive keine Unvergänglichkeit geben, nehmen sie sie auch nicht dem Intellektuellen weg.

III-Es ist angemessen, dass die Seele mit dem entsprechenden Körper verbunden ist (*Summa Theologica* I, q.76 a.5)

1-Die Materie ist durch die Form, die ihr Sein gibt. Daher muss die Ursache dafür, dass die Materie eine bestimmte Natur hat, von der Form ausgehen und nicht umgekehrt.

2-Die menschliche Seele, im Wesentlichen intellektuell, nimmt den niedrigsten Platz unter den intellektuellen Substanzen ein. Dies liegt daran, dass ihr das angeborene Wissen der Wahrheit nicht natürlicherweise gegeben ist. Im Gegenteil, sie ist gezwungen zu schlussfolgern, zu verbinden und zu trennen. Engel nicht. Gott auch nicht.

3-Die Natur lässt keine Seiende in dem Notwendigen im Stich. Daher *war es notwendig, dass die intellektuelle Seele nicht nur die Fähigkeit zu verstehen hat, sondern auch die zu empfinden.*

4-Um zu empfinden, ist ein körperliches Organ erforderlich. Daher muss die intellektuelle Seele sich mit einem Körper verbinden, der so beschaffen ist, dass er als Organ für die Sinne geeignet dienen kann.

5-Die intellektuelle Seele benötigt den Körper nicht für ihre spezifische intellektuelle Handlung: die Wesenheit der Seienden abstrahieren. Sie braucht ihn als Anforderung des sinnlichen Teils, der sensorische Organe benötigt, um das Sinnliche zu erfassen.

IV-Wie die Seele sich mit dem Körper vereint (*Summa Theologica* I, q.76 a.6 und a.7)

1-Die Seele vereint sich mit dem Körper als wesentliche Form und nicht als Beweger. Daher *ist es unmöglich, dass zwischen Seele und Körper eine Disposition akzidenteller Natur besteht.*

2-Der Grund dafür ist folgender: Der erste Akt der Materie (die immer für alle Akte in Potenz ist) ist das Sein, das sie von der Form empfängt. Die Form setzt sie in Akt, weil sie ihr das Sein absolut gesprochen gibt. Deshalb kann die Materie nicht heiß oder ausgedehnt sein oder andere Akzidenzien haben, bevor sie in Akt ist, das heißt, bevor sie Substanz ist.

3-In Zusammenfassung: Es können keine akzidentellen Dispositionen jeglicher Art im Körper existieren, bevor er mit der Seele vereint wird.

4-Wir sagten, dass sich die Seele mit dem Körper als Form vereint. Daher kann sie sich nicht durch irgendeinen Körper mit ihm verbinden.

5-Der Grund für das Gesagte ist folgender: Ein Seiendes ist eins genauso wie es Sein ist. *Die Form bewirkt von selbst, dass die Dinge in Akt sind, da sie im Wesentlichen Akt ist und das Sein nicht durch irgendeinen Vermittler mitteilt.* Die Einheit eines Seienden, das aus Materie und Form zusammengesetzt ist, kommt von derselben Form. Diese vereint sich direkt mit der Materie als ihr Akt.

6-Wir schließen daraus: Es gibt keine Zwischenkörper irgendeiner Art zwischen der Seele und dem Körper, die ihre Vereinigung erklären. Diese findet direkt statt, wie die Form mit der Materie.

Die Seele ist dem Körper weit entfernt, wenn man ihre Bedingungen getrennt betrachtet. Deshalb, wenn sie getrennt Sein hätten, müssten zwischen ihnen viele Zwischenwesen sein. Aber insofern sie die Form des Körpers ist, hat sie kein Sein, das vom Körper getrennt ist, sondern sie vereint sich durch ihr eigenes Sein direkt mit dem Körper. Denn jede Form, die als Akt betrachtet wird, ist weit von der Materie entfernt, die nur in Potenz ist.[4]

V-Die Seele ist völlig in jedem Teil des Körpers (*Summa Theologica* I, q.76 a.8)

1-Wenn sich die Seele nur als Beweger mit dem Körper vereinigen würde, könnte man sagen, dass sie nicht in jedem seiner Teile ist, sondern nur in einem, durch den sie die anderen bewegen würde.

2-Aber die Seele vereint sich nicht als Beweger, sondern als wesentliche Form mit dem Körper. Und als wesentliche Form des Körpers, nicht akzidentell. Daher ist es notwendig, dass sie im ganzen Körper und in jedem seiner Teile ist.

3-Die wesentliche Form ist die Vollkommenheit des ganzen Seienden und jedes seiner Teile. Sie gibt ihm Sein und setzt es in Akt. Es ist nicht nur eine Form der Zusammensetzung und Ordnung wie z.B. die Form eines Hauses.

4-Um das Gesagte besser zu zeigen, muss die dreifache Teilung des Ganzen betrachtet werden. Nämlich:

> 4.1-Das Ganze, das sich in quantitative Teile teilt
> 4.2.- Das Ganze, das sich in Teile der Vernunft und der Essenz teilt
> 4.3-Das Ganze, das sich in potenzielle Teile teilt

5-**Erster Modus**: Das Ganze, das sich in quantitative Teile teilt. Zum Beispiel: die Gesamtheit einer Linie oder eines Körpers kann so unterteilt werden. Dieser Modus kann den Formen nur akzidentell entsprechen. Und nur jenen Formen, die sich gleichermaßen auf das quantitative Ganze und seine Teile beziehen. Zum Beispiel: Die Weißheit kann aufgrund ihrer Natur sowohl auf der gesamten Oberfläche eines Körpers als auch in jedem Teil sein. Deshalb teilt sich die Weißheit beim Teilen der Oberfläche akzidentell. Aber die Seele ist eine wesentliche Form und daher unteilbar.

6-Zweiter Modus: Das Ganze, das sich in Teile der Vernunft und der Essenz teilt. Das entspricht den Formen wie der Seele. Ein Beispiel für diesen Modus: Das Definierte als Ganzes, das sich in die Teile der Definition teilt; und das Zusammengesetzte als Ganzes, das sich in Materie und Form teilt. So ist die Seele als Ganzes im ganzen Körper und in jedem seiner Teile.

7-Dritter Modus: Das Ganze, das sich in potenzielle Teile teilt. Dieser Modus entspricht auch den Formen wie der Seele, wenn man die Form als Prinzip des Wirkens des Seienden betrachtet. Es handelt sich um das Ganze als das potenzielle Ganze: die Kraft aller Handlungen, die die Form entwickeln kann; die sich in potenzielle Teile teilt: jede der Handlungen, die die Form entwickeln kann. So ist die gesamte Seele potenziell im potenziellen Ganzen enthalten, das den gesamten Körper umfasst; aber sie ist nicht in jedem Teil des Körpers potenziell enthalten, sondern durch die Sehkraft im Auge; und durch die Hörfähigkeit im Ohr; und durch den Geschmackssinn in den Geschmacksknospen usw.

Daher, wenn gefragt wird, ob die gesamte Weißheit auf der gesamten Oberfläche und in jedem Teil davon ist, ist es notwendig zu unterscheiden. Wenn wir die quantitative Gesamtheit meinen, die Weißheit akzidentell hat, dann ist die gesamte Weißheit nicht in jedem Teil der Oberfläche. Das Gleiche gilt für die Gesamtheit der Kraft: da die Weißheit, die auf der gesamten Oberfläche liegt, die Sicht mehr beeinflusst als die Weißheit, die in einem kleinen Teil davon liegt. Aber wenn wir die Gesamtheit der Spezies und Essenz meinen, dann ist die gesamte Weißheit in jedem Teil einer Oberfläche.[5]

8-Abschließend kommen wir zu dem Schluss, dass diese Gesamtheit, die es uns ermöglicht zu sagen: Die Seele ist im ganzen Körper und in jedem seiner Teile gegenwärtig wie die gesamte Form des Körpers, die ihm das Sein gibt, es in Akt setzt und es als solches vervollkommnet.

Jedoch muß da noch berücksichtigt werden, daß die Seele in den Teilen untereinander einen Unterschied verlangt und somit nicht auf dieselbe Weise sich zum Ganzen verhält wie zu den Teilen. Zum Ganzen nämlich hat sie ohne alles Weitere und kraft ihres ganzen Wesens Beziehung wie zu dem ihr durchaus entsprechenden und zu ihr in geeignetem Verhältnisse stehenden Bestimmbaren und Vervollkommnungsfähigen; zu den Teilen aber hat sie Beziehung nicht an sich, sondern insoweit diese zum Ganzen hinbezogen werden.[6]

In der *Summa contra gentiles* Buch II, Kapitel 68, reflektiert Sankt Thomas über dieses Problem: Wie die intellektuelle Substanz die Form des Körpers sein kann. Betrachten wir diese Untersuchungen:

1-Eine Form wird als wesentlich betrachtet, wenn sie zusammen mit der Materie (mit der sie die Essenz –*essentia*– des Seienden bildet) das Sein *(esse)* erhalten hat. Materie und Form (Essenz des Seienden) haben das Existieren erhalten. Sie wurden in die Existenz gesetzt. Die Form, die bisher dem Sein formales Sein verlieh, gibt ihm jetzt das existenzielle Sein. Sie setzt es in den Akt des Existierens. Das Seiende existiert, solange die Form das Prinzip des Seins des Seienden ist. Sie verleiht dem Seienden im Allgemeinen und der Materie im Besonderen das Sein. *Man könnte jedoch einwenden, dass die Seele ihr Sein nicht dem Körper mitteilen kann, was dazu führt, dass es ein einziges Sein für die Seele und den Körper gibt, weil verschiedenen Gattungen verschiedene Arten des Seins entsprechen und das edlere Sein der edleren Substanz entspricht.* Dies könnte letztere behauptet werden, wenn das betreffende Sein derselben Art des Seins der Seele und des Körpers wäre. Aber das ist nicht der Fall. Sie sind unterschiedlicher Art. In Bezug auf die Seele ist es Sein als Prinzip und in Übereinstimmung mit der intellektuellen Natur der Seele. In Bezug auf den Körper ist es Sein als Behälter und Subjekt für etwas Höheres. *Es gibt daher keinen Grund dafür, dass die intellektuelle Substanz, die die menschliche Seele ist, nicht die Form des Körpers sein kann.*

2-In der Natur beobachten wir, was bereits geschickt von Pseudo-Dionysius angedeutet wurde: *Die göttliche Weisheit vereint die Endziele der höheren Dinge mit den Anfängen der niedrigeren Dinge.* Tatsächlich stellen wir fest, dass immer das Minimum der höchsten Gattung mit dem Maximum der niedrigeren Gattung verbunden ist. Deshalb ähnelt das Leben einiger niedrigerer Tierarten dem Leben höherer Pflanzenarten. Und so können wir unwissentlich die Gattung einiger Kreaturen verwechseln, wie zum Beispiel bei den Anemonen. In unserem Fall haben wir bereits in einem anderen Band gesagt und wiederholen es jetzt, dass die menschliche Seele den untersten Platz unter den intellektuellen Substanzen einnimmt, die den Engeln vorangeht. In ihrer Position grenzt sie an das Höhere der körperlichen Gattung, den menschlichen Körper. *Deshalb wird gesagt, dass die menschliche Seele wie ein Horizont und eine Grenze zwischen dem Körperlichen und dem Unkörperlichen ist, weil, obwohl sie eine unkörperliche Substanz ist, sie dennoch die Form des Körpers ist (...) je mehr die Form die Materie beherrscht, desto größer wird die Einheit von beiden.*

3-Obwohl die Form und die Materie eins sind, muss sich die Materie nicht immer der Form anpassen. Tatsächlich *übertrifft eine edlere Form die Materie in ihrem Sein umso mehr*. Dies erkennen wir anhand der Operationen der Seienden. Erinnern wir uns daran, dass solche Operationen tatsächlich Operationen der Formen sind: Jedes Seiende handelt entsprechend seinem Sein. *Daher wird die Form, deren Operation den Zustand der Materie übersteigt, auch durch die Würde ihres eigenen Seins die Materie überwinden.*

4-Es gibt niedrigere Formen, die vollständig materiell sind und völlig in der Materie versunken sind und nicht in der Lage sind, Operationen auszuführen, die die Eigenschaften der Materie überschreiten. Andere höhere Formen, wie die Seelen von Pflanzen oder irrationalen Tieren, zeigen komplexere Operationen. Aber in beiden Fällen erfordern alle ihre

Operationen ein körperliches Organ, um ausgeführt zu werden. Es gibt keine Operationen, die die Formen dieser Seienden von sich aus durchführen, ohne von der Materie abhängig zu sein.

5-Und über all diesen Formen gibt es eine, die den höheren Substanzen sogar im Bereich des Wissens ähnelt, nämlich das Verstehen; und folglich ist sie auch fähig zur vollständig ohne körperliches Organ durchgeführten Operation. Dies ist die intellektuelle Seele, denn das Verstehen wird nicht mit einem körperlichen Organ ausgeführt. Daher ist es notwendig, dass jenes Prinzip, durch das der Mensch versteht, nämlich die intellektuelle Seele, das über den Zustand der körperlichen Materie hinausgeht, nicht vollständig der Materie unterworfen oder in sie eingetaucht ist, wie es bei anderen materiellen Formen der Fall ist. Dies zeigt ihre intellektuelle Operation, für die sie keine Verbindung zur körperlichen Materie hat. Allerdings, da das Verstehen der menschlichen Seele Kräfte erfordert, die durch körperliche Organe wirken, nämlich die Vorstellungskraft und die Sinne, wird daher verständlich, dass sie sich natürlich mit dem Körper verbindet, um die menschliche Spezies zu vervollständigen.

In der *Summa contra Gentiles* Buch II, Kapitel 71, zeigt Sankt Thomas, dass die menschliche Seele sich unmittelbar mit dem Körper verbindet:

1-Die Seele verbindet sich mit dem Körper ohne die Notwendigkeit, ein Mittel zur Verbindung zwischen ihr und dem Körper zu setzen. *Die Form verbindet sich mit der Materie ohne die Verwendung eines Mittels, weil es der Form an sich zukommt, der Akt eines solchen Körpers zu sein, und nicht durch die Kraft eines anderen.*

2-Dennoch unterscheidet Aristoteles den Agens, der die Potenz zum Akt führt. Das heißt: die Materie zur Form. Er kann eine Einheit der Seele und des Körpers machen, nicht als ein verbindendes Mittel, sondern als Auslöser der Operation, die Materie und Form verbinden wird.

3-Unter Berücksichtigung der vorhergehenden Anmerkungen können wir sagen, dass es Mittel zwischen der Seele und dem Körper gibt. Nicht im

Hinblick auf das Sein, sondern im Hinblick auf die Bewegung und die Erzeugung.

4-Im Hinblick auf die Bewegung: *weil in der Bewegung, mit der die Seele den Körper bewegt, eine gewisse Ordnung von Bewegern und Bewegten besteht.* In diesem Fall unterscheiden wir tatsächlich Mittel zwischen der Seele, die bewegt, und dem Körper, der bewegt wird. *Denn die Seele führt ihre Operationen durch die Potenzen aus. So bewegt sie den Körper durch die Potenz; durch den Geist die Glieder, und schließlich durch ein Organ ein anderes.*

5-Im Hinblick auf die Erzeugung: finden wir die Dispositionen, die die Materie zur Aufnahme der Form vorbereiten. Daher *können die Dispositionen des Körpers, durch die er zum eigentlichen Empfänger einer solchen Form wird, in diesem Sinne als Mittel zwischen der Seele und dem Körper bezeichnet werden.*

In der *Summa contra Gentiles* Buch II, Kapitel 72, zeigt Sankt Thomas, dass *die Seele im ganzen Körper und in jeder seiner Teile vollständig ist*:

1-Es ist notwendig, dass der eigene Akt, der das Seiende vollkommen macht, in seinem eigenen Vollkommenden ist. *Die Seele ist der Akt des organischen Körpers und nicht nur eines einzelnen Organs*, das ihn im *esse* vervollkommnet und in die Existenz bringt. Folglich ist ihr Wesen im Ganzen und nicht nur in einem Teil.

2-Da die Seele die Form des ganzen Körpers ist, ist sie auch die Form jeder einzelnen Körperteile. Wäre sie die Form des Ganzen und nicht jedes einzelnen Teils, wäre sie eine akzidentelle Form des Körpers. Aber die Seele ist eine substantielle Form. Tatsächlich *erhalten sowohl das Ganze als auch die Teile ihre Art von der Seele.* Wenn die Seele fehlt, bewahren weder das Ganze noch die Teile ihre Art. Man sagt uneigentlich, dass der Kadaver ein Körper ist, obwohl er es in Wirklichkeit nicht mehr ist, weil die Seele, die ihm das Sein gibt, fehlt. Ebenso nennt man auch uneigentlich das Auge oder das Fleisch des Toten Auge oder Fleisch. *Wenn die Seele jedoch der Akt jedes einzelnen Teils ist und der Akt in dem ist, dem er gehört, folgt daraus, dass die Seele in jedem Teil des Körpers aufgrund ihrer eigenen Essenz ist.*

3-Je vollkommener und einfacher eine Form ist, desto größer ist ihre Kraft. Daher ist die menschliche Seele, die die vollkommenste der niederen Formen *ist, vielfach in ihrer Potenz und fähig zu vielen Operationen.* Um diese Operationen auszuführen, benötigt sie daher mehrere körperliche Organe.

4. DIE POTENZEN DER SEELE IM ALLGEMEINEN

I- Die Essenz der Seele ist nicht ihre Potenz (*Summa Theologica* I, q.77 a.1)

1-Einige Autoren behaupteten, dass die Essenz der Seele ihre Potenz ist. Sankt Thomas hält es für offensichtlich, dass dem nicht so ist.

2-Die Urmaterie ist in Potenz zu ihrer Form. Dieser Akt, in Bezug auf den die Urmaterie in Potenz ist, ist die substantielle Form. Daher ist die Potenz der Materie ihre Essenz.

3-Aber die Seele ist Form, und als solche ist sie nicht in Potenz, sondern wesentlich im Akt. Außerdem ist sie eine subsistierende Form, ohne Bezug zu irgendeiner Materie.

4-Die Seele als Form ist kein Akt, der auf einen weiteren Akt ausgerichtet ist. Im Gegenteil, sie ist das letzte Ende der Erzeugung. Daher ist die Essenz der Seele nicht ihre Potenz, weil nichts in Potenz in Bezug auf einen Akt ist, insofern es ein Akt ist. Und da die Potenz das Prinzip der Operationen des Seienden ist, sind die Fähigkeiten oder Potenzen oder Operationen der Seele auch nicht ihre Essenz. Dies beobachtet man nur bei Gott, dessen Essenz seine Operationen sind.

II-Die Seele führt mehrere Operationen aus (*Summa Theologica* I, q.77 a.2)

Sankt Thomas fragt, ob die menschliche Seele ihre gesamte Potenzialität in einer einzigen Operation ausschöpft oder ob sie im Gegenteil in der Lage ist, viele Operationen auszuführen. Schauen wir uns zuerst an, was diejenigen behaupten, die denken, dass die Seele nur eine Operation ausführt:

1-Die intellektive Seele ist diejenige, die Gott am ähnlichsten ist. In Ihm gibt es nur eine einzige und einfache Kraft. Daher führt die menschliche Seele eine einzige Operation aus.

2-Die intellektive Seele übertrifft alle anderen Formen in ihrer Kapazität. Daher muss sie erst recht eine einzige Fähigkeit oder Potenz haben.

3-*Handeln ist etwas, das dem zusteht, was im Akt existiert. Aber durch die Essenz der Seele hat der Mensch das Sein in verschiedenen Graden der Vollkommenheit (...). Daher führt er durch die Potenz der Seele die verschiedenen Handlungen in ihren verschiedenen Graden aus.*[7]

Gegen diese Thesen stellt Sankt Thomas seine Ansicht: die menschliche Seele hat viele Potenzen. Er bietet zwei Begründungen an:

1-Die intellektive Seele ist die niedrigste aller intellektuellen Substanzen. In der hierarchischen Skala gilt, je höher man in der Vollkommenheit der intellektuellen Substanzen aufsteigt, desto weniger Operationen müssen ausgeführt werden, um ihre Ziele zu erreichen. Die menschliche Seele führt viele Operationen im Vergleich zum Engel aus, der viel weniger Operationen ausführt, und im Vergleich zu Gott, der keine Operationen außerhalb seiner Essenz hat. Daher gibt es in der menschlichen Seele eine Vielzahl von Potenzen.

2-Die menschliche Seele steht an der Grenze zwischen den geistigen und den körperlichen Kreaturen. Daher hat sie sowohl die Potenzen der ersteren als auch der letzteren. Somit gibt es in der menschlichen Seele eine Vielzahl von Potenzen.

III- Die Potenzen der Seele unterscheiden sich voneinander (*Summa Theologica* I, q.77 a.3)

1-Die Potenz ist auf den Akt ausgerichtet, folglich bestimmt dieser sie. So ist die Sehpotenz der Seele auf den Akt des Sehens ausgerichtet, die

Hörpotenz auf den Akt des Hörens, die sensitive Potenz auf den Akt des Fühlens, usw.

2-Die Verschiedenheit der Natur der Potenzen wird aufgrund der Verschiedenheit der Akte festgestellt, die wiederum aufgrund der Verschiedenheit der Objekte festgestellt wird. Der Akt des Sehens bestimmt die Sehpotenz, der des Hörens die Hörpotenz, der des Fühlens die sensitive Potenz, usw. Der Akt des Sehens ist nicht dasselbe wie der des Hörens oder Fühlens, zum Beispiel. Jeder von ihnen hat verschiedene Objekte.

3-Das Akzidentelle diversifiziert nicht die Art.
Nichtsdestotrotz müssen wir beobachten, dass akzidentelle Dinge die Art nicht verändern. Da es für ein Tier akzidentell ist, gefärbt zu sein, wird seine Art nicht durch einen Farbunterschied verändert, sondern durch einen Unterschied in dem, was zur Natur des Tieres gehört, das heißt durch einen Unterschied in der sensitiven Seele, die manchmal rational ist und manchmal nicht. Daher sind "rational" und "irrational" Unterschiede, die das Tier teilen und seine verschiedenen Arten konstituieren.[8]

4-Dies ermöglicht es uns zu schließen, dass nur das, wozu die Potenz von Natur aus ausgerichtet ist, einen Unterschied in den Potenzen der Seele darstellt.

IV-In den Potenzen der Seele gibt es eine Ordnung (*Summa Theologica* I, q.77 a.4)

1-Die Seele ist eine und die Potenzen der Seele sind viele. Wir unterscheiden drei Potenzen gemäß ihrer Natur: nutritive, sensitive und intellektive.

Die Ordnung, die zwischen den Potenzen der Seele besteht, kommt von der Seele selbst, die, obwohl sie wesentlich eine ist, in der Lage ist, verschiedene Akte in einer bestimmten Ordnung auszuführen. Das Gleiche kann man von den Objekten und auch von den Akten sagen, wie wir bereits angegeben haben.[9]

2-Vom Einen zum Vielen geht man mit einer gewissen Ordnung über, daher ist es notwendig, dass es eine Ordnung zwischen den Potenzen der Seele gibt.

3-Die Ordnung, die zwischen den Potenzen der Seele besteht, ist dreifach:

3.1-Nach der Ordnung der Natur: Vollkommene Dinge sind von Natur aus vor den Unvollkommenen.

3.2-Nach der Ordnung der Erzeugung und der Zeit, insofern man von den Unvollkommenen zu den Vollkommenen übergeht.

3.3-Nach der Beziehung, die die Potenzen zueinander haben.

4-Nach der ersten Ordnung der Potenzen. Die intellektiven Potenzen sind vor den sensitiven, daher regieren und lenken sie diese; und die sensitiven sind vor den nutritiven.

5-Nach der zweiten Ordnung der Potenzen verhält es sich genau umgekehrt wie beschrieben. Denn im Prozess der Entstehung gehen die Potenzen der vegetativen Seele denen der sensitive Seele voraus, da erstere den Körper für die Handlungen der letzteren vorbereiten. Dasselbe gilt für die sensitiven Potenzen in Bezug auf die intellektuellen.

6-Nach dem dritten Typ von Ordnung stehen einige Potenzen in Beziehung zueinander. So verhält es sich mit dem Sehen, Hören und Riechen. Denn von Natur aus kommt das Sehen zuerst, da es sowohl den höheren als auch den niederen Körpern gemeinsam ist. Der Schall ist in der Luft wahrnehmbar und von Natur aus vor der Kombination von Elementen, aus der der Geruch entsteht.

V-Nicht alle Potenzen der Seele sind in ihr wie in ihrem Subjekt (*Summa Theologica* I, q.77 a.5)

1-Subjekt einer Potenz ist das Seiende, das die Fähigkeit zum Handeln hat, das heißt, die Potenz operativ zu entwickeln.

2-Es gibt Operationen der Seele, die ohne Beteiligung des körperlichen Organs ausgeführt werden. Zum Beispiel: Verstehen und Wollen. Die Potenzen, die Prinzip dieser Operationen sind, befinden sich in der Seele wie in ihrem eigenen Subjekt.

3-Es gibt Operationen der Seele, die notwendigerweise mit Beteiligung des körperlichen Organs ausgeführt werden. Zum Beispiel: Sehen, Hören, usw. Wir sehen durch die Augen und hören durch die Ohren.

4-Daher befinden sich die Potenzen der Seele, die Prinzip der nutritiven und sensitiven Operationen sind, in der Verbindung von Körper und Seele wie in ihrem eigenen Subjekt und nicht nur in der Seele, wie es bei den intellektiven Potenzen der Fall ist.

5-Dennoch müssen wir betonen, dass *alle Potenzen der Seele vor allem in der Seele und nicht in der Verbindung sind, nicht wie in ihrem eigenen Subjekt, sondern wie in ihrem Prinzip.*[10]

(...) Es gibt eine reale Unterscheidung zwischen der Seele und ihren Fähigkeiten und zwischen den Fähigkeiten untereinander. Nur in Gott sind die Potenz zu Handeln und der Akt selbst identisch mit seiner Substanz, weil es nur in Gott keine Potenzialität gibt: In der menschlichen Seele gibt es Fähigkeiten oder Potenzen zu Handeln, die in Potenzialität in Bezug auf ihre Akte sind und die nach ihren eigenen Akten und Objekten unterschieden werden müssen.[11]

VI-Die Potenzen der Seele stammen aus ihrer Essenz (*Summa Theologica* I, q.77 a.6)

1-Die substantielle und die akzidentielle Form stimmen darin überein, dass beide Akt und nicht Potenz sind, wie die Urmaterie. Sei es durch die substantielle Form, sei es durch die akzidentielle Form, das Seiende ist im Akt.

2-Die substanzielle und die akzidentielle Form unterscheiden sich aus zwei Gründen.

3-Der erste Grund: Die substanzielle Form gibt dem Seienden das Sein absolut und hat das Seiende in Potenz als Subjekt. Die akzidentielle Form hingegen bewirkt nicht, dass das Seiende absolut ist, sondern dass es in Bezug auf den betreffenden Akzidens ist: in Bezug auf eine bestimmte Quantität, in Bezug auf eine bestimmte Qualität, usw. Ihr Subjekt ist das Seiende im Akt.

4-Betrachten wir nun die Folge des Gesagten in Bezug auf den ersten Grund. Wir stellen fest, dass *die Aktualität zuerst in der substantiellen Form vorhanden ist, bevor sie in ihrem Subjekt ist.* Zudem ist *die substanzielle Form die Ursache dafür, dass ihr Subjekt im Akt ist.* Auf der Seite der akzidentiellen Form wurde gezeigt, dass *die Aktualität zuerst im Subjekt der akzidentiellen Form vorhanden ist, bevor sie in der akzidentiellen Form ist.* Zudem wird *die Aktualität der akzidentiellen Form durch die Aktualität des Subjekts verursacht.* Daher schließen wir, dass das Subjekt die akzidentielle Form empfängt, insofern es in Potenz ist; und die akzidentielle Form produziert, insofern es im Akt ist. *Dies sage ich über den eigenen und notwendigen Akzidens, denn in Bezug auf den nicht eigenen Akzidens beschränkt sich das Subjekt nur darauf, ihn zu empfangen, und derjenige, der ihn produziert, ist ein äußerer Agent.*

5-Der zweite Grund: Die substanzielle und die akzidentielle Form unterscheiden sich darin, dass die Materie aufgrund der substantiellen Form existiert. Die akzidentielle Form hingegen existiert, um das Subjekt zu vervollständigen.

6-Zusammenfassend: Es ist offensichtlich, dass das Subjekt der Potenzen der Seele entweder die Seele allein ist, die Subjekt von Akzidenzen sein kann, weil sie eine gewisse Potenzialität hat, oder die Verbindung von Seele und Körper. Aber in Wirklichkeit ist die Verbindung von Seele und Körper durch die Seele im Akt. Die Seele ist Form, und die Form ist immer Akt.

Deshalb ist es offensichtlich, dass alle Potenzen der Seele, egal ob ihr Subjekt die Seele allein ist oder die Verbindung, aus der Essenz der Seele als ihrem Prinzip stammen, weil, wie gesagt, der Akzidens durch das Subjekt verursacht wird, insofern es im Akt ist, und in ihm empfangen wird, insofern es in Potenz ist.[12]

VII-Eine Potenz der Seele entsteht aus einer anderen (*Summa Theologica* I, q.77 a.7)

1-Das Prinzip ist, dass eine Potenz der Seele aus der Essenz der Seele durch eine andere Potenz hervorgeht.

2-Bei den Dingen, die gemäß einer natürlichen Ordnung von einer einzigen Sache ausgehen, ist es so, dass, so wie die erste die Ursache aller anderen ist, auch diejenige, die der ersten am nächsten ist, auf irgendeine Weise die erste Ursache der am weitesten entfernten ist.

3-Die Potenz der Seele stammt von Natur aus aus der Essenz der Seele und existiert gleichzeitig mit ihr. Dasselbe gilt für eine Potenz in Bezug auf die andere.

4-Der Akzidens kann nicht Subjekt von Akzidenzen sein. Aber da ein Akzidens in der Substanz vor einem anderen empfangen werden kann (zum Beispiel die Quantität vor der Qualität), kann man sagen, dass ein Akzidens Subjekt eines anderen ist (wie die Oberfläche der Farbe), insofern die Substanz einen Akzidens durch den anderen empfängt. Dasselbe kann man über die Potenzen der Seele sagen.

5-Die Potenzen der Seele stehen zueinander im Gegensatz wie das Vollkommene und das Unvollkommene. Aber dieser Gegensatz verhindert nicht, dass das Unvollkommene aus dem Vollkommenen hervorgeht, weil das Unvollkommene von Natur aus aus dem Vollkommenen hervorgeht.

VIII-Ob die Potenzen der Seele bleiben, wenn der Körper verfällt (*Summa Theologica* I, q.77 a.8)

1-Es wurde festgestellt, dass alle Potenzen der Seele auf die Seele als ihr Prinzip bezogen sind.

2-Einige Potenzen der Seele sind auf sie als ihr Subjekt bezogen. Dies ist der Fall beim Verstand und beim Willen. Daher ist es notwendig, dass sie in der Seele bleiben, wenn der Körper zerstört wird.

3-Im Gegensatz dazu haben die übrigen Potenzen das Zusammengesetzte aus Seele und Körper als Subjekt. Solche sind die Potenzen des sensitiven Teils und des vegetativen Teils der Seele. Daher können sie im Akt nicht bleiben, wenn der Körper zerstört wird. Sie bleiben nur potenziell in der Seele als ihr Prinzip oder ihre Wurzel.

Daher ist die Behauptung einiger, dass diese Potenzen in der Seele bleiben, wenn der Körper verfällt, falsch. Noch falscher ist die Meinung, dass die getrennte Seele die eigenen Akte dieser Potenzen ausführt, da sie diese nur durch körperliche Organe ausführen kann.[13]

IX-Klassifikation der Potenzen der Seele (*Summa Theologica* I, q.78 a.1)

1-In den geschaffenen Seienden ist es angebracht, die Seele von den Potenzen der Seele und diese Potenzen von ihren Operationen zu unterscheiden. Bei Gott ist das nicht so. In Gott ist seine Essenz seine Potenzen und seine Operationen.

2-Wir beginnen die Klassifikation, indem wir sagen, dass alle Operationen der Seele zu einem dieser beiden Typen von Potenzen gehören: passive oder aktive.

2.1-**Passive Potenzen**. Ihr Objekt ist die bewegende Ursache des Akts der Potenz.

2.2-**Aktive Potenzen**. Ihr Objekt ist die Endursache der Potenz.

(...) Jede Handlung entspricht entweder einer aktiven oder einer passiven Potenz. Das Objekt in Bezug auf den Akt der passiven Potenz ist wie ein Prinzip und eine bewegende Ursache. Beispiel: Die Farbe, insofern sie die Sehfähigkeit bewegt, ist das Prinzip des Sehens. Das Objekt in Bezug auf den Akt der aktiven Potenz ist wie das Ziel und Ende. Beispiel: Das Objekt der Wachstumsfähigkeit ist das Erreichen der perfekten Größe, das Ziel oder Ende des Wachstums.[14]

3-Abgesehen von der obigen Klassifikation hält Sankt Thomas fest, dass die Potenzen der Seele auch in fünf Gattungen eingeteilt werden können. Aristoteles sagte dazu in *De Anima*, Buch II:

Wir nennen Potenzen die vegetativen, sensitiven, appetitiven, lokomotorischen und intellektiven Fähigkeiten.

Im Folgenden sehen wir, wie jede dieser Potenzen erscheint.

4-Aufgrund der Beziehung der Seele zum Körper haben wir die folgende Klassifikation:

4.1-**Rationale Seele**. Ihre Operationen werden ohne Notwendigkeit eines körperlichen Organs ausgeführt.

4.2-**Sensitive Seele**. Ihre Operationen werden durch ein körperliches Organ ausgeführt, aber nicht aufgrund einer körperlichen Eigenschaft.

Auf diese Weise, wenn für die Ausübung der Sinne Hitze, Kälte, Feuchtigkeit, Trockenheit und andere körperliche Eigenschaften notwendig sind, sind sie dennoch nicht so notwendig, dass die Operation der sensitiven Seele aufgrund dieser Eigenschaften ausgeführt wird, sondern sie werden nur für die richtige Disposition des Organs benötigt.[15]

4.3-**Vegetative Seele**. Ihre Operationen werden durch ein körperliches Organ und aufgrund einer körperlichen Eigenschaft ausgeführt, wie zum Beispiel die Verdauung.

Streng genommen ist die Seele nur eine. Nur formal kann man von "Seelen" oder auch von "Teilen der Seele" sprechen. Nämlich: vegetativer Teil, sensitiver Teil und rationaler Teil.

5-Aufgrund der Beziehung der Potenzen der Seele zu ihren Objekten haben wir die folgende Klassifikation:

5.1-**Vegetative Gattung**. Potenzen, die nur den mit der Seele verbundenen Körper als Objekt haben.

5.2-**Sensitive Gattung**. Potenzen, die alle empfindbaren Körper als Objekt haben, nicht nur den mit der Seele verbundenen Körper.

5.3-**Intellektive Gattung**. Potenzen, die alle Seienden ohne Ausnahme, körperliche und nicht körperliche, als Objekt haben.

Bezüglich der drei beschriebenen Gattungen gilt folgendes Prinzip: Je vollkommener die Potenz ist (beachte, dass die Klassifikation in aufsteigender Reihenfolge der Vollkommenheit formuliert ist), desto universeller ist das Objekt, auf das sie wirkt.

6-Aufgrund der Art und Weise, wie sich die Potenz auf das Äußere des Zusammengesetzten von Körper und Seele richtet. Gemäß der vorherigen Klassifikation gibt es zwei Potenzen, die sensitive und die intellektive Gattung, die sich auf das Äußere des Zusammengesetzten richten können. Das heißt: Ihr Objekt der Operation kann sowohl der empfindbare Körper als auch jedes andere äußere empfindbare körperliche Seiende sein. Dies erlaubt eine weitere Klassifikation, unter Berücksichtigung der Art und Weise, wie sie sich auf das Äußere des menschlichen Körpers richtet. Nämlich:

So wie (...) es notwendig ist, dass das handelnde Subjekt in gewisser Weise mit dem Objekt seiner Handlung verbunden ist, ist es auch notwendig, dass die äußere Realität, die das Objekt der Operation der Seele ist, auf zwei Arten auf sie bezogen ist.[16]

Die erste Art. Insofern sie fähig ist, sich mit der Seele zu verbinden und in ihr durch ihre Ähnlichkeit zu sein. In diesem Fall unterscheiden wir zwei Gattungen von Potenzen:

6.1-**Sensitive Potenzen**. Bezogen auf das weniger allgemeine Objekt, das heißt, den empfindbaren Körper.

6.2-**Intellektive Potenzen**. Bezogen auf das allgemeinere Objekt, das heißt, das Universale.

Die zweite Art. Insofern die Seele selbst zum äußeren Objekt tendiert. Auf diese Weise entstehen zwei neue Gattungen:

6.3-**Appetitive**. Durch die sich die Seele auf das äußere Objekt hin als Ziel richtet, wobei dies im Intentionalitätsordnung das Erste ist.

6.4-**Lokomotorische**. Durch die sich die Seele auf ein äußeres Objekt hin als Abschluss ihrer Operation und Bewegung richtet, da jedes Tier sich zur Erreichung dessen bewegt, was es anstrebt und wünscht.

In einer Pflanze ist nur die vegetative Seele oder Prinzip vorhanden, die Leben und die Fähigkeiten zum Wachstum und zur Fortpflanzung verleiht; im irrationalen Tier ist nur die sensitive Seele vorhanden, die nicht nur das Prinzip des pflanzlichen Lebens, sondern auch des sensitiven Lebens ist;

im Menschen ist nur die rationale Seele vorhanden, die nicht nur das Prinzip der ihr eigenen Operationen ist, sondern auch der vegetativen und sensitiven Funktionen.[17]

X-Über die Potenzen der vegetativen Seele (*Summa Theologica* I, q.78 a.2)

1-Die Potenzen des vegetativen Teils der Seele sind drei. Man nennt sie oft *natürliche Potenzen* der Seele.

2-Wir erinnern uns daran, dass das Objekt des vegetativen Teils der Seele der Körper ist, der durch die Seele lebt.

3-Wir finden daher die folgenden Potenzen: generative, wachstumsfördernde oder entwicklungsfördernde und nutritive.

4-Durch die generative Potenz erwirbt der Körper das Sein. Durch die wachstumsfördernde Potenz erreicht der lebende Körper seine angemessene Entwicklung. Durch die nutritive Potenz wird der lebendige Körper in seinem Sein und seiner Proportion erhalten.

5-Der Unterschied zwischen den drei Potenzen ist folgender: Die nutritive und die wachstumsfördernde Potenz entfalten ihre Wirkung im gleichen Subjekt, in dem sie sich befinden, nämlich im Körper des Zusammengesetzten. Dieser Körper ist es, der sich ernährt und wächst. Die generative Potenz hingegen entfaltet ihre Wirkung nicht in ihrem eigenen Körper, sondern in dem eines anderen, da niemand sich selbst erzeugt.

6-Aufgrund dessen besteht eine gewisse Hierarchie zwischen diesen Potenzen, da die generative Potenz der Würde der sensitiven Seele nahekommt, deren Handlung sich auf äußere Objekte erstreckt, obwohl die sensitive Seele dies auf eine erhabenere und universellere Weise tut.

7-Somit hat die generative Potenz ein höheres, edleres und vollkommeneres Ziel; denn das Eigentümliche eines Vollkommenen ist es, etwas Gleiches wie es selbst hervorzubringen. Die wachstumsfördernde und die nutritive Potenz dienen der generativen Potenz. Wiederum dient die nutritive Potenz auch der wachstumsfördernden Potenz.

XI-Über die fünf äußeren Sinne (*Summa Theologica* I, q.78 a.3)

1-Der Sinn ist eine gewisse passive Potenz, die von Natur aus der Veränderung durch externe empfindbare Objekte unterliegt. Also:

> 1.1-Der Sinn nimmt auf natürliche Weise das äußere Objekt wahr, das ihn verändert
> 1.2-Die sensitiven Potenzen unterscheiden sich je nach Vielfalt der Objekte

2-Das ermöglicht es uns zu behaupten, dass die Potenzen nicht aufgrund der Organe existieren, sondern umgekehrt, dass die Organe für die Potenzen existieren. Also: Es gibt keine verschiedenen Potenzen, weil es verschiedene Organe gibt, sondern die Natur hat eine Vielfalt von Organen entsprechend der Vielfalt der Potenzen bereitgestellt.

3-Die Sinne sind, Aristoteles folgend, fünf: **Sehen, Hören, Schmecken, Tasten und Riechen**.

XII-Über die inneren Sinne (*Summa Theologica* I, q.78 a.4)

1-Es ist notwendig und trägt zur Vollkommenheit des Tieres bei, dass seine sensitive Seele nicht nur die gegenwärtigen empfindbaren Objekte durch ihre Sinne wahrnehmen kann, sondern auch alle, die sie empfangen und bewahren kann. So stammt die Wahrnehmung des Empfindbaren zwar von der Veränderung des Sinnes, jedoch nicht die Wahrnehmung der Intentionen.

2-Das Empfangen und Bewahren wird unterschieden. Da die sensitive Potenz Akt eines körperlichen Organs ist, unterscheidet sich die Potenz, die empfängt, von der Potenz, die das Wahrgenommene bewahrt.

3-Daher gibt es für das Empfangen der sinnlichen Formen den eigenen und den gemeinsamen Sinn. Für das Bewahren und Bewahren des Empfangenen gibt es die **Phantasie oder Vorstellungskraft**. Um die Intentionen wahrzunehmen, die nicht durch die Sinne empfangen werden, gibt es die **schätzende Fähigkeit**. Um sie zu bewahren, gibt es das **Gedächtnis**.

4-Was die sinnlichen Formen betrifft, gibt es keinen Unterschied zwischen dem Menschen und den anderen Tieren, da sie auf die gleiche Weise durch externe empfindbare Objekte verändert werden.

5-Im Gegensatz dazu gibt es einen Unterschied in Bezug auf die Intentionen. Tiere nehmen die Intentionen durch einen natürlichen Instinkt wahr. Der Mensch durch einen Vergleich. Bei Tieren wird dies natürliche schätzende Fähigkeit *(vis aestimativa)* genannt. Beim Menschen gründet sich dies auf die *vis cogitativa* oder konkrete Vernunft. Was das Gedächtnis betrifft, hat der Mensch es wie die anderen Tiere durch die unmittelbare Erinnerung an die Vergangenheit. Und auch im Gegensatz zu ihnen hat er die Reminiszenz, mit der er das vergangene Erinnern schlussfolgernd analysiert, indem er individuelle Absichten berücksichtigt.

6-Zusammenfassend kann gesagt werden, dass es vier innere Potenzen des sensitiven Teils gibt: der gemeinsame Sinn *(sensus communis)*, die Vorstellungskraft *(phantasia)*, die schätzende Fähigkeit *(vis aestimativa)* und das Gedächtnis *(vis memorativa)*.

In der *Summa contra Gentiles* Buch II, Kapitel 66, lehrt Sankt Thomas, dass **das Verständnis vom Sinn verschieden ist**:

1-Während der Sinn in allen Tieren zu finden ist, findet sich das Verständnis nur beim Menschen. Die irrationale Tiere führen bestimmte und einheitliche Operationen innerhalb ihrer eigenen Art aus, die von der Natur bewegt werden. Sie sind nicht in der Lage, verschiedene und entgegengesetzte Dinge zu tun wie der Mensch. Zum Beispiel baut die

Schwalbe immer dasselbe Nest, seit Jahrhunderten. Daher ist das Verständnis vom Sinn verschieden.

2-Der Sinn erkennt nur das Einzelne und das Verständnis das Allgemeine. Daher ist das Verständnis vom Sinn verschieden.

3-Die sensitive Erkenntnis erstreckt sich nur auf körperliche Entitäten. Das Verständnis erkennt das Unkörperliche, wie Weisheit, Wahrheit und die Beziehungen der Dinge. Daher ist das Verständnis vom Sinn verschieden.

4-Der Sinn kann sich selbst nicht erkennen. Er kann auch nicht seine eigene Operation erkennen: Weder sieht das Auge sich selbst noch bemerkt es, dass es sieht, denn dies gehört zu einer höheren Potenz. Im Gegensatz dazu kann das Verständnis sich selbst erkennen und auch erkennen, dass es versteht. Daher ist das Verständnis vom Sinn verschieden.

5-Der Sinn verkümmert durch den Eindruck eines übermäßigen Sinnesobjekts. Zum Beispiel: Das übermäßige Licht blendet meine Augen und ich kann nicht sehen. Das Verständnis hingegen verkümmert nicht durch ein übermäßiges Verständnisobjekt. Im Gegenteil: Je höher das Verständnis fliegt, desto mehr kann es das Niedrigste verstehen. Zum Beispiel: Ich höre nicht auf zu lernen, egal wie viel ich weiß. Je mehr es nach Vollkommenheit strebt, desto mehr versteht es. Daher ist das Verständnis vom Sinn verschieden.

6-All das Gesagte lässt darauf schließen, dass die intellektive und die sensitive Potenz verschieden sind.

5. DIE INTELLEKTUELLEN POTENZEN DER SEELE

I-Die Verstehen ist eine Potenz der Seele und nicht ihre Essenz (*Summa Theologica* I, q.79 a.1)

1-Die Potenz ist das Prinzip der Operation des Seienden.

2-Die Potenz steht zur Operation wie die Essenz *(essentia)* zum Sein *(esse)*. Das heißt: Die Potenz der Seele ist potenziell für den Empfang der Operation. Die Operation aktualisiert also die Potenz.

3-Folglich können Potenz und Operation nur identisch sein, wenn die Operation die gleiche Essenz wie die des Handelnden ist. Dies ist nur bei Gott der Fall.

4-Nur in Gott ist das Verstehen dasselbe wie Essenz und Sein. Bei den anderen intellektuellen Geschöpfen ist das Verstehen eine Potenz des Verstehenden.

II-Die Verstehen ist eine passive Potenz (*Summa Theologica* I, q.79 a.2)

1-Die Verstehen ist eine passive Potenz. Um die Aussage zu verstehen, ist es notwendig, den Begriff des Leidens zu unterscheiden, der drei Bedeutungen hat.

2-Erste Bedeutung. Man sagt im eigentlichen Sinne, dass ein Seiende leidet, wenn ihm etwas genommen wird, was ihm naturgemäß oder tendenziell zusteht. Zum Beispiel sagen wir, ein Mensch leidet, wenn er krank wird.

3-Zweite Bedeutung. Man sagt weniger genau, dass ein Seiende leidet, wenn ihm etwas genommen wird, ob es ihm zusteht oder nicht. Zum Beispiel sagen wir, dass nicht nur der Mensch leidet, der krank wird, sondern auch der Mensch, der gesund wird.

4-Dritte Bedeutung. Man sagt im allgemeinen Sinne, dass ein Seiende leidet, wenn es potenziell etwas erwirbt, es aber ohne Verlust seiner eigenen Natur erwirbt. Zum Beispiel erleidet jedes Seiende, das von der Potenz zur Aktualität übergeht, die Form, die es erwirbt. Deshalb wird es Patient genannt.

5-Entsprechend dem dritten Sinn müssen wir das Verständnis als passiv bezeichnen.

6-Tatsächlich ist das menschliche Verstehen, das letzte in der Ordnung der Verständnisse und am weitesten von der Vollkommenheit des göttlichen Verstehens entfernt, potenziell für alles Intelligible. Aristoteles sagte, dass es am Anfang wie eine Tafel sei, auf der nichts geschrieben steht. Das liegt daran, dass wir am Anfang nur potenziell zum Verstehen fähig sind und dann tatsächlich verstehen. Als solches leidet das menschliche Verstehen und deshalb sagen wir, dass es eine passive Potenz ist.

III-Es ist notwendig, einen *intellectus agens* zuzulassen (*Summa Theologica* I, q.79 a.3)

1-Sankt Thomas fragt sich, ob es angebracht ist, einen Verstand zu unterscheiden, der die Seienden tatsächlich intelligible macht. Ein solcher würde als *intellectus agens* bezeichnet werden.

2-Plato, gestützt auf seine Ideen- oder Formenlehre, lehnte dies ab. Für ihn machte der Zugang zu solchen Ideen oder Formen die Wesenheiten aller Seienden intelligibel, deren sinnliche Wahrnehmung nur eine bloße Erscheinung war.

3-Aristoteles, der die platonische Theorie ablehnte, bekräftigte die Unterscheidung eines *intellectus agens*. Da die Formen der Seienden nur in der Materie bestehen und zudem nicht tatsächlich intelligibel sind, folgerte er, dass auch die Wesenheiten (Materie plus Form) nicht tatsächlich intelligibel sind.

4-Daher war es notwendig, im Verstand eine Fähigkeit zuzulassen, die die Dinge tatsächlich intelligibel macht, indem sie die Spezies von ihren materiellen Bedingungen abstrahiert. Eine Fähigkeit, die die intelligiblen Spezies aus den materiellen Daten erzeugt.

5-Daher ist es angemessen zu sagen, dass es ein *intellectus agens* in der Schöpfung gibt.

IV-Der *intellectus agens* oder der aktive Intellekt ist etwas von der Seele (*Summa Theologica* I, q.79 a.4)

1-Thomas von Aquin versucht zu zeigen, dass der *intellectus agens* etwas Eigenes der menschlichen Seele ist.

2-Jedes Seiende, das an etwas teilhat, erfordert eine höhere Realität, von der es teilhat: das Unvollkommene vom Vollkommenen; das Bewegliche vom Unbeweglichen. Es muss beachtet werden, dass über der menschlichen intellektuellen Seele ein höheres Verständnis stehen muss, von dem die Seele die Fähigkeit zum Verstehen erhält.

3-Die menschliche Seele ist die niedrigere der intellektuellen Substanzen. Sie ist teilweise intellektuell. Und teilweise vegetativ und sensitiv. Sie erreicht die Erkenntnis der Wahrheit durch Diskussion, Teilung und Zusammensetzung. Ihr Verständnis ist unvollkommen, entweder weil sie nicht alles versteht, oder weil sie, wenn sie etwas versteht, von der Potenz zur Aktualität übergeht. Daher ist die Existenz eines höheren Verstehens notwendig, das der Seele hilft zu verstehen.

4-Dies ist der *intellectus agens*. Einige betrachteten es als eine vom Körper getrennte Substanz, die die Bilder erhellt und sie tatsächlich verständlich macht.

5-Aber selbst wenn angenommen wird, dass ein solches vom Körper getrenntes *intellectus agens* existiert, ist es immer noch notwendig anzuerkennen, dass in derselben menschlichen Seele eine Fakultät vorhanden ist, die an jenem höheren Verständnis teilhat und die Dinge tatsächlich intelligibel macht.

V-Das Gedächtnis ist im intellektuellen Teil der Seele (*Summa Theologica* I, q.79 a.6)

1-Das Gedächtnis ist die Fähigkeit, die intelligiblen Spezies (auch Formen oder Ähnlichkeiten genannt) von Dingen zu archivieren, die nicht in der Tat wahrgenommen werden. Sankt Thomas fragt sich, ob diese intelligiblen Spezies im Verständnis, das heißt, im intellektuellen Teil der Seele, archiviert werden können.

2-Im Gegensatz zu Avicenna und teilweise zu Aristoteles wird Sankt Thomas bejahend antworten.

3-Wenn die Sinne die Formen in der Vorstellung behalten, kann der Verstand, von stabilerer, unbeweglicherer und unkörperlicherer Natur, die intelligiblen Spezies viel eher empfangen und im Gedächtnis bewahren. Dieses befindet sich im intellektuellen Teil der Seele.

4-Nun, wenn es darum geht, das Vergangene als solches zu bewahren, wird das Gedächtnis im sensitiven Teil der Seele sein. Dieser Teil nimmt das Besondere wahr. Denn das Vergangene, als solches, das die Existenz in einer bestimmten Zeit ausdrückt, gehört zu einer bestimmten Bedingung.

5-Der Verstand speichert die intelligiblen Spezies ohne die Hilfe eines körperlichen Organs. Das intellektuelle Gedächtnis ist keine von der Erkenntnis getrennte Potenz.

VI-Die Vernunft als Potenz ist nicht vom Verstehen verschieden (*Summa Theologica* I, q.79 a.8)

1-Verstehen besteht in der einfachen Erfassung der intelligiblen Wahrheit.

2-Vernunft ist der Übergang von einem Konzept zum anderen, um die intelligible Wahrheit zu erkennen.

3-Der Mensch wird gerade deshalb im Unterschied zu den Engeln als vernünftig bezeichnet, weil er, um die Wahrheit zu erfassen, von einem Konzept zum anderen übergehen muss.

4-Daher ist offensichtlich, dass das Vernunftschließen im Vergleich zum Verstehen ist wie Bewegung im Vergleich zur Ruhe oder wie Erwerb im Vergleich zum Besitz.

5-Ruhe und Bewegung sind keine verschiedenen Potenzen, sondern zwei Momente ein und derselben Potenz. Sie sind in natürlichen Dingen sogar eins und dasselbe, weil durch dieselbe Natur etwas an einen Ort bewegt und darin ruht.

6-Danach verstehen wir und argumentieren durch dieselbe Potenz.

VII-Die Intelligenz als Potenz (*Summa Theologica* I, q.79 a.10)

1-Es fragt sich der heilige Thomas, ob die Intelligenz als Potenz vom Verstand verschieden ist.

2-Er lehrt, dass die Intelligenz im eigentlichen Sinne der Akt des Verstandes ist, der im Verstehen besteht. Sie ist keine vom Verstand verschiedene Potenz.

3-Die Intelligenz unterscheidet sich vom Verstand, wie sich der Akt von der Potenz unterscheidet.

4-In der Regel werden vier Arten von Verstand erwähnt: aktiv *(intellectus agens)*, passiv *(intellectus possibilis)*, habituell und aktuell.

5-Der passive, der habituelle und der aktuelle Verstand unterscheiden sich voneinander entsprechend ihrem Zustand. Streng genommen sind sie verschiedene Zustände des eigentlich passiven Verstandes. Passiv: er ist in Potenz. Habituell: er ist im ersten Akt und wird auch Wissenschaft genannt. Aktuell: er ist im zweiten Akt, das ist das Denken.

VIII-Das spekulative und das praktische Verständnis (*Summa Theologica* I, q.79 a.11)

1-Das spekulative Verständnis unterscheidet sich vom praktischen Verständnis durch das angestrebte Ziel. Das eine strebt ein kontemplatives Ziel an, das andere ein operatives.

2-Das spekulative Verständnis ordnet das Wahrgenommene nicht zur Handlung, sondern zur Betrachtung der Wahrheit. Das praktische Verständnis hingegen ordnet das Ergriffene der Handlung zu.

3-Daher sind das spekulative und das praktische Verständnis keine verschiedenen Potenzen.

4-Die Grundlage dieser Unterscheidung: Die Akzidenzien des Objekts einer Potenz differenzieren die Potenz als solche nicht. Beispiel: Es ist akzidentiell für die Farbe, dass ihr Subjekt ein Mensch ist, oder groß oder klein. Denn sie wird von derselben Sehkraft wahrgenommen. Ebenso ist es akzidentiell im vom Verstand wahrgenommenen Objekt, ob es zur Handlung oder einfach zur reinen Spekulation bestimmt ist.

6. DIE APPETITIVEN POTENZEN DER SEELE

I-Der Appetit ist eine Potenz der Seele (*Suma Theologica* I, q.80 a.1)

1-Die Lebewesen haben Neigungen, die aus ihrer eigenen Natur entspringen. Diese Tendenz oder Neigung wird natürlicher Appetit genannt.

2-Die Seienden, die mit Erkenntnis ausgestattet sind, haben eine höhere Natur als die Seienden, die davon entbehren. In der Tat können sie nicht nur das Sinnliche erfassen, wie die irrationalen Tiere, sondern auch das Intelligible der Seienden.

3-So betrachtet, wird die menschliche Seele durch ihre Fähigkeit, das Körperliche und das Unkörperliche, das Sinnliche und das Intelligible zu erfassen, gewissermaßen alle Dinge durch den Sinn und den Verstand.

4-Bei den Seienden, die mit Erkenntnis ausgestattet sind, ist ihr Appetitiermodus höher als der allgemeine Modus, der in den übrigen Seienden vorhanden ist. Dafür ist es notwendig, dass er durch eine Potenz der Seele, die appetitive Potenz, bestimmt wird.

5-Streng genommen ist das materielle Objekt des Sinnlichen und des Intelligiblen dasselbe, aber mit unterschiedlicher Formalität. Es wird als sinnliches oder intelligibles Seiendes erfasst. Aber es wird als angenehm durch die Sinne oder als gut durch die Intelligenz begehrt. Damit es verschiedene Potenzen gibt, ist eine unterschiedliche Formalität im Objekt erforderlich, nicht eine materielle Vielfalt.

II-Der sensitive Appetit und der intellective Appetit (*Suma Theologica* I, q.80 a.2)

1-Es fragt sich Sankt Thomas, ob der intellective Appetit eine andere Potenz als der sensitive Appetit ist. Die Antwort ist positiv.

2-Die appetitive Potenz, sei sie sensitiv oder intellectiv, ist eine passive

Potenz. Als solche wird sie von dem erfassten Objekt bewegt, sei es sensitiv oder intellectiv. *Deshalb ist das erkannte Begehrenswerte ein unbewegter Beweger, während der Appetit ein bewegter Beweger ist*, wie Aristoteles erinnert. Es gibt keine andere treibende Kraft für den Verstand und den Sinn.

3-Wir haben bereits gesagt, dass die Potenzen nicht durch akzidentielle Unterschiede differenziert werden. Aber es ist nicht akzidentiell in Bezug auf das Begehrenswerte, ob das Objekt durch den Sinn oder durch den Verstand erfasst wird. Im Gegenteil, es ist wesentlich, dass das Begehrenswerte den Appetit nur insoweit bewegt, als es erfasst wird. Daher sind die Unterschiede zwischen dem durch die Sinne und dem durch die Intelligenz Erfassten wesentlich für das Begehrte. *Daher unterscheiden sich die appetitiven Potenzen durch die Unterschiede der als eigene Objekte erfassten Objekte.*

4-Da das durch den Verstand Erkannte im Allgemeinen verschieden vom durch den Sinn Erkannten ist, muss man daraus schließen, dass der intellective Appetit eine andere Potenz als der sensitive Appetit ist.

III-Definition der Sinnlichkeit (*Suma Theologica* I, q.81 a.1)

1-Die Sinnlichkeit wird als der Appetit der zum Körper gehörenden Dinge definiert.

2-Die erkenntnismäßige Operation wird mit der Anwesenheit des Erkannten in dem, der erkennt, vollendet. Die appetitive Operation besteht in der Tendenz des begehrenden Subjekts hin zum Begehrten.

3-Deshalb ähnelt die erkenntnismäßige Operation mehr der Ruhe. Und die appetitive Operation ähnelt mehr der Bewegung. Als solche ist diese Bewegung ein Appetit, der der sinnlichen Erkenntnis folgt.

4-In Anbetracht dessen wird die sinnliche Bewegung als die Operation der appetitiven Potenz verstanden. Und der sensitive Appetit wird als

Sinnlichkeit bezeichnet.

IV-Über die Teilung des sensitiven Appetits (*Suma Theologica* I, q.81 a.2)

1-Der sensitive Appetit oder die Sinnlichkeit wird in zwei Potrenz unterteilt. Nämlich in die jähzornige Potenz und in die konkupiszible Potenz.

2-Durch die konkupiszible Potenz neigt die Seele zu dem, was in der sinnlichen Ordnung zweckmäßig ist, und meidet das, was schädlich ist.

3-Durch die jähzornige Potenz lehnt die Seele alles ab, was sich ihr im Streben nach dem, was in der sinnlichen Ordnung zweckmäßig und schädlich ist, widersetzt.

4-Die konkupiszible Appetit hat sowohl das Angenehme als auch das Schädliche zum Ziel. Die jähzornige Begierde aber konzentriert sich auf den Widerstand gegen das, was schädlich ist, und bekämpft es..

V-Beziehungen des sensitiven Appetits zur Vernunft und zum Willen (*Suma Theologica* I, q.81 a.3)

1-Die jähzornige Potenz und die konkupiszible Potenz sind der Vernunft und dem Willen untergeordnet.

2-**Der Vernunft**. Bei den irrationalen Tieren wird der sensitive Appetit durch die schätzende Potenz *(vis aestimativa)* bewegt. Beispiel: Das Schaf fürchtet den Wolf, weil es ihn als seinen Feind schätzt. Der Mensch hat keine schätzende Potenz. An ihrer Stelle hat er die *vis cogitativa* oder die konkrete Vernunft. Von dieser kommt die Bewegung des menschlichen sensitiven Appetits. Die konkrete Vernunft wird natürlich von der universellen Vernunft bewegt und geleitet. Aus den universellen Prämissen werden partikulare Schlussfolgerungen abgeleitet.

3-Daraus ergibt sich, dass die universelle Vernunft den in konkupiszible und jähzornige geteilten sensitiven Appetit regiert und dass dieser Appetit ihr unterworfen ist. Und weil das Ableiten universeller Prinzipien zu partikulare Schlussfolgerungen kein Werk des Verstandes als solchen, sondern der Vernunft ist, sagt man, dass der konkupiszible und der jähzornige Appetit eher der Vernunft als dem Verstand unterworfen sind.

4-Jeder kann dies persönlich erfahren, wenn das Überlegen über eine Tatsache ausreicht, um die eigenen Leidenschaften, wie zum Beispiel den Zorn, zu mildern oder zu verstärken.

5-**Der Wille**. Bei irrationalen Tieren löst der sensitive Appetit die Ausführung des Begehrten ohne widersprechende Vermittlung aus. Diese Ausführung erfolgt durch die treibende Kraft. *Beispiel: (...) das Schaf, das sofort aus Angst vor dem Wolf flieht.* Im Gegensatz dazu bewegt sich der Mensch nicht sofort, getrieben vom sensitiven Appetit. Der Wille, der ihn reguliert, vermittelt. Wenn dieser nicht zustimmt, gibt es keine Bewegung des sensitiven Appetits. Der Wille wiederum ist der Vernunft unterworfen, die die Angemessenheit der Bewegung beurteilt.

6-Wir schließen: Bei der menschlichen Kreatur werden die konkupiszible und jähzornige Potenz vom durch die partikulare Vernunft geleiteten Willen regiert. Das bedeutet nicht, dass die sensitive Potenz immer der Vernunft folgt. Im Gegenteil, oft, und wer hat das nicht persönlich erlebt, widersetzt sich der sensitive Appetit der Vernunft. Dies schließt jedoch das Prinzip, dass er ihr unterworfen ist, nicht aus.

VI-Wille und Notwendigkeit (*Suma Theologica* I, q.82 a.1)

1-Zunächst muss geklärt werden, was unter Notwendigkeit und was unter notwendig verstanden wird.

2-Notwendig ist das, was nicht anders sein kann. Zum Beispiel: Ein Dreieck kann nicht anders, als drei Seiten haben. Das heißt: Ein Dreieck wird notwendigerweise drei Seiten haben, sonst wäre es keine solche Figur, sondern eine andere. Hier ist eine wesentliche und absolute Notwendigkeit.

3-Notwendig ist das, ohne das ein Ziel nicht erreicht werden kann oder nur schwer zu erreichen ist. Zum Beispiel: Nahrung ist notwendig für das Leben. Dies ist die sogenannte Zwecknotwendigkeit oder Nützlichkeit.

4-Notwendig ist das, was unmöglich zu widerstehen ist. So wird zum Beispiel eine Person gezwungen, etwas zu tun oder nicht zu tun, ohne dass sie anders handeln kann als das, wozu sie gezwungen ist. Dies ist die sogenannte Zwangsnotwendigkeit.

5-Zweitens muss jede Bedeutung der Begriffe und ihre Beziehung zum Willen analysiert werden.

6-Natürliche Notwendigkeit. Sie steht nicht im Widerspruch zum Willen. Im Gegenteil, so wie der Verstand notwendigerweise den ersten Prinzipien zustimmt, ist es auch notwendig, dass der Wille sich dem letzten Ziel anschließt, das das Glück (die Glückseligkeit) ist. Denn das Ziel ist in der praktischen Ordnung das, was die Prinzipien in der spekulativen Ordnung sind.

7-Zwecknotwendigkeit. Sie steht auch nicht im Widerspruch zum Willen, wenn das Ziel nur auf eine Weise erreicht werden kann. Beispiel: Wer freiwillig beschließt, das Meer zu überqueren, muss notwendigerweise den Willen haben, sich einzuschiffen.

8-Zwangsnotwendigkeit. Sie steht absolut im Widerspruch zum Willen.

Wir sind Herren unserer eigenen Akte, insofern wir dies oder jenes wählen können. Das Ziel wird nicht gewählt, sondern das, was zum Ziel führt, wie in III Ethicorum gesagt wird. Daher ist der Wunsch nach dem letzten Ziel nichts, worüber wir Herr sind.[18]

VII-Ob der Wille alles will, was er will (*Suma Theologica* I, q.82 a.2)

1-Das Prinzip, das Sankt Thomas zu demonstrieren versucht, ist folgendes: Der Wille will nicht notwendigerweise alles, was er will.

2-Seine Demonstration beginnt beim Verstand. Dieser stimmt den ersten Prinzipien, die das Denken regieren, natürlich und notwendigerweise zu. Es ist wahr, dass der Mensch unter bestimmten Umständen in seinen Urteilen irren kann. Aber deren Wahrheit ist an die ersten Prinzipien gebunden. Wenn er also die Wahrheit sucht, wird er natürlich und notwendigerweise bei ihnen enden.

3-Etwas Ähnliches geschieht mit dem Willen. Denn so wie der Verstand den ersten Prinzipien auf natürliche und notwendige Weise zustimmt, so stimmt auch der Wille dem letzten Ziel zu, das das Glück ist. Tatsächlich sucht der Mensch das Glück als letztes Ziel seiner Existenz, kann sich aber bei der Wahl der Güter, die es verursachen, irren. Genau genommen wird das Glück in Gott und in den Dingen Gottes vollendet, denn das Sein als Sein ist das Einzige, das unsere Sehnsüchte nach Sein stillen kann. Aber der Mensch kann sich irren, bis er es bemerkt, und es ist möglich, dass er sein Leben verbringt, ohne es zu erkennen. Bis jedoch die Notwendigkeit dieser Verbindung durch die Gewissheit der göttlichen Schau bewiesen wird, hängt der Wille nicht notwendigerweise an Gott oder an dem, was Gottes ist. In diesem Fall verfolgt der Wille ein falsches Ziel, täuscht sich. Er begehrt, was er nicht will.

4-All dies erlaubt den Schluss, dass der Wille nicht notwendigerweise alles will, was er will.

VIII-Der Wille ist nicht würdiger als der Verstand (*Suma Theologica* I, q.82 a.3)

1-Sankt Thomas fragt sich, ob der Wille würdiger als der Verstand ist oder nicht. Um diese Frage zu beantworten, sind zwei Betrachtungen anzustellen: eine absolute und eine relative.

2-**Absolute**: Verstand und Wille werden an sich betrachtet. In diesem Fall sagen wir, dass der Verstand erhabener ist als der Wille. Dies ergibt sich aus dem Vergleich ihrer Objekte, die uns immer die Natur der Potenz offenbaren, die danach strebt, sie zu erreichen. Der Verstand hat als Objekt den Begriff des wünschenswerten Guten selbst. Das des Willens ist das wünschenswerte Gute. Und dies befindet sich im Verstand. Aber wenn etwas einfacher und abstrakter ist, ist es umso würdiger und erhabener an sich. So ist das Objekt des Verstandes erhabener als das des Willens.

3-**Relative**: Verstand und Wille werden vergleichend betrachtet. In diesem Fall sagen wir, dass manchmal der Wille erhabener ist als der Verstand. Wir sehen, dass der Verstand danach strebt, dass sein Objekt als bekannt oder verstanden in der Seele des Erkennenden ist. Und der Wille strebt danach, dass sein Objekt so ist, wie es an sich ist. So sagt Aristoteles: *Das Gute und das Böse, Objekte des Willens, sind in den Dingen. Das Wahre und das Falsche, Objekte des Verstandes, sind im Geist.* Daher schließt Sankt Thomas, indem er sagt:

Wenn die Realität, in der das Gute sich befindet, würdiger ist als die Seele selbst, in der das Konzept dieser Realität liegt, dann ist der Wille im Vergleich zu dieser Realität würdiger als der Verstand. Wenn jedoch die Realität, in der das Gute liegt, untergeordnet ist der Seele, dann ist der Verstand im Vergleich zu dieser Realität überlegen dem Willen.[19]

4-Die endgültige Schlussfolgerung lautet wie folgt: Absolut betrachtet ist der Verstand würdiger als der Wille.

IX-Der Wille treibt den Verstand an (*Summa Theologica* I, q.82 a.4)

1-Der Verstand und der Wille stehen in ihrer Tätigkeit in Beziehung zueinander. Der Verstand weiß, was der Wille will, und der Wille will, dass der Verstand weiß. In Bezug auf das Ziel ist das begehrte Gut, das der Wille verfolgt, in der Wahrheit enthalten, die der Verstand als bekannt verfolgt, und die Wahrheit ist im Gut enthalten, das als begehrt gilt.

2-Der Verstand bewegt den Willen und dieser den Verstand, aber beide bewegen sich auf unterschiedliche Weise.

3-Jede Bewegung des Willens wird von einem Wissen vorausgegangen. Aber nicht jedes Wissen wird von einer Willensbewegung vorausgegangen.

4-Es gibt zwei Arten zu sagen, dass etwas bewegt: als Ziel oder als effiziente Ursache.

4.1-**Als Ziel**. Das Ziel bewegt den Handelnden. Auf diese Weise bewegt der Verstand den Willen: Weil das bekannte Gut sein Objekt ist; und es bewegt ihn als Ziel.

4.2-**Als effiziente Ursache**. Der Wille als Potenz der Seele bewegt alle anderen Potenzen der Seele als ihre effiziente Ursache zur Ausführung ihrer jeweiligen Akte. Die vegetativen Potenzen, die dem Menschen auferlegt sind, bleiben ausgenommen.

X-Beziehung des Willens zu den Jähzornigen und den Konkupisziblen (*Summa Theologica* I, q.82 a.5)

1-Der Wille befindet sich im intellektuellen Teil der Seele. Er ist ein intellektueller Appetit.

2-Das Jähzornige und das Konkupiszible befinden sich im sensitiven Teil der Seele.

3-Weder die Sinne noch der sensitive Appetit kennen das Universelle. Sie verfolgen das erwünschte Gut in bestimmten Seienden. Der Wille hingegen verfolgt das Gute unter dem universellen Grund des Guten.

4-Daher ist es nicht richtig, das Jähzornige und das Konkupiszible im Willen zu unterscheiden.

7. DIE SEELE UND DER FREIE WILLE

I-Der Mensch hat freien Willen (*Summa Theologica* I, q.83 a.1)

1-Es gibt Seiende, die ohne jegliches vorhergehendes Urteil handeln. Beispiel: ein Stein, der von oben fällt.

2-Andere Seiende handeln mit einem vorhergehenden natürlichen Urteil, das als solches nicht frei ist. Dies ist der Fall bei irrationalen Tieren: Das Schaf, das den Wolf kommen sieht, urteilt, dass es vor ihm fliehen muss. Das Tier formuliert sein Urteil nicht analytisch, sondern durch einfachen Instinkt.

3-Schließlich ist da der Mensch, der aufgrund seines Verstandes mit vorhergehendem Urteil handelt und nicht instinktiv wie das irrationale Tier. Dieses Urteil ist frei, da es zwischen verschiedenen Optionen entscheidet.

4-Folglich können wir sagen, dass nur der Mensch und der Engel unter allen geschaffenen Kreaturen freien Willen haben, das heißt, die Fähigkeit zur Wahl.

Der Mensch hat freien Willen. Wäre dem nicht so, wären Ratschläge, Ermahnungen, Gebote, Verbote, Belohnungen und Strafen nutzlos.[20]

II-Der freie Wille ist eine Potenz der Seele (*Summa Theologica* I, q.83 a.2)

1-Sankt Thomas fragt nach der Natur des freien Willens.

2-Es ist wahr, dass der freie Wille grammatikalisch einen Akt bedeutet, nämlich frei zu urteilen. Aber im gewöhnlichen Gebrauch des Begriffs bedeutet es das Prinzip dieses Akts, das heißt, dasjenige, kraft dessen der Mensch frei urteilt.

3-Das Prinzip jedes Akts kann entweder eine Potenz oder eine Gewohnheit sein. Tatsächlich erkennen wir etwas durch die intellektive Potenz oder durch die Gewohnheit der Wissenschaft. *Daher muss der freie Wille eine Potenz, eine Gewohnheit oder eine Potenz zusammen mit einer Gewohnheit sein.*

4-Er ist weder eine Gewohnheit noch eine Potenz zusammen mit einer Gewohnheit. Und dies aus zwei Gründen:

4.1-Der freie Wille ist dem Menschen natürlich. Wäre er eine Gewohnheit, wäre er eine natürliche und nicht erworbene Gewohnheit. Aber dasjenige, wonach wir natürlich streben, unterliegt nicht dem freien Willen. Beispiel: das Verlangen nach Glück, das uns als Ziel antreibt. *Deshalb widerspricht die Idee einer natürlichen Gewohnheit dem Wesen des freien Willens. Und eine nicht natürliche Gewohnheit zu sein, wäre seinem natürlichen Charakter entgegengesetzt.*

4.2-Laut Aristoteles *ist eine Gewohnheit dasjenige, durch das wir gut oder schlecht in Bezug auf Leidenschaften oder Akte eingestellt sind.* So zum Beispiel macht uns die Gewohnheit der Wissenschaft gut im Akt des Erkennens des Wahren und schlecht im Erkennen des Falschen. Im Gegensatz dazu ist der freie Wille indifferent in Bezug auf die Wahl von Gut oder Böse.

5-Folglich ist der freie Wille eine Potenz.

6-*Es ist üblich, die Potenz nach dem Namen des Aktes zu benennen.* Daher gibt der freie Wille, der ein Akt ist, der Potenz, die sein Prinzip ist, den Namen.

7-Man kann auch sagen, dass der freie Wille eine Fähigkeit ist. Dieser Begriff bezeichnet die Potenz, die zum Handeln bereit ist.

III-Der freie Wille ist eine appetitive Potenz der Seele (*Summa Theologica* I, q.83 a.3)

1-Sankt Thomas fragt, ob der freie Wille eine intellektive oder eine appetitive Potenz der Seele ist.

2-Um zu antworten, rät er, das Problem ausgehend von der Natur der Wahl zu analysieren, weil dies das eigentliche des freien Willens ist. Tatsächlich sagen wir, dass wir freien Willen haben, weil wir etwas annehmen oder ablehnen können, und das ist die Wahl.

3-Im Wahlakt fallen teilweise die intellektive und teilweise die appetitive Potenz zusammen.

4-Die intellektive, weil die Wahl eine Beratung oder Überlegung erfordert, um vernünftig über die Optionen zu urteilen. Die appetitive, weil die Wahl den Akt des Begehrens erfordert, das durch die vorherige Überlegung oder Beratung in Bezug auf eine bestimmte Option bestimmt wird.

5-Sankt Thomas, der Aristoteles folgt, glaubt, dass der freie Wille eine appetitive Potenz ist. Denn die Wahl, die in ihrem Wesen liegt, ist ein Wunsch, der von einer Beratung abhängt. Außerdem sind die Objekte der Wahl die Mittel, die zu einem Ziel führen, und das Mittel als solches ist ein Gut. Das heißt, die Wahl ist auf das Sein als Gut und nicht auf das Sein als Wahr gerichtet.

IV-Der freie Wille und der Wille (*Summa Theologica* I, q.83 a.4)

1-Was im intellektiven Potenz das Verstehen in Bezug auf die Vernunft ist, das ist im appetitiven Potenz der Wille in Bezug auf den freien Willen.

2-Wir kennen die ersten Prinzipien von Natur aus. Wir argumentieren von den ersten Prinzipien zu den Schlussfolgerungen. Die Vernunft handelt mit den Prinzipien als Mittel, um ihr Ziel zu erreichen.

3-Wählen bedeutet, eine Sache zu wollen, um eine andere zu erreichen. Derjenige, der die Mittel zum Ziel will, wählt. Wer dies tut, handelt mit freiem Willen. Der Wille will seinerseits das Ziel erreichen, das er begehrt. Das heißt, er strebt danach, das zu erreichen, was er durch freien Willen gewählt hat.

4-Nun, was im kognitiven Bereich das Prinzip in Bezug auf die Schlussfolgerung ist, der wir aufgrund der Prinzipien zustimmen, ist im appetitiven Bereich das Ziel in Bezug auf die Mittel, die wegen des Ziels begehrt werden.

5-Folglich, ebenso wie die Akte des Verstehens und des Argumentierens zu einer einzigen Potenz, der intellektiven, gehören, so gehören auch das Wollen und das Wählen als Akte zu einer einzigen Potenz, der appetitiven.

8. DIE SEELE UND DAS WISSEN ÜBER DAS MATERIELLE

I-Die Seele kennt körperliche Substanzen (*Summa Theologica* I, q.84 a.1 und a.2)

1-Der Verstand ist in der Lage, sowohl das Körperliche als auch das Unkörperliche zu erkennen.

2-Wenn die menschliche Seele das Körperliche nicht kennen könnte, müssten wir daraus schließen, dass weder Gott noch die Engel, die intellektuelle Substanzen sind, körperliche Substanzen kennen. Wir haben zu gegebener Zeit gezeigt, dass dies nicht der Fall ist.

3-Eine niedere Potenz erreicht nicht das, was einer höheren Potenz zukommt; aber die höhere Potenz vollbringt auf eine vorzüglichere Weise das, was der niederen Potenz zukommt. Wie wir zu gegebener Zeit gezeigt haben, ist der Verstand den Sinnen überlegen. Wenn also die Sinne das Unkörperliche erkennen können, so kann der Verstand es umso mehr erkennen.

4-Das Unkörperliche ist in der menschlichen Seele, wie das Empfangene in demjenigen ist, der es empfängt, und nach der Art der menschlichen Seele. Daher kennt die Seele die körperlichen Substanzen immateriell. Deshalb sind die erkannten materiellen Gegenstände in demjenigen, der nicht materiell, sondern immateriell weiß.

5-Je immaterieller ein Seiende die Form des Gewussten besitzt, desto vollkommener weiß es. Die irrationalen Tiere wissen nur mit den Sinnen, da sie nicht in die Wesenheiten eindringen können, weil ihnen der Verstand fehlt. Der Mensch weiß durch die Sinne und durch den Verstand, der fähig ist, die Wesenheiten intelligibel zu machen. Daher weiß der Verstand, der die intelligiblen Spezies nicht nur von der Materie, sondern auch von den individuierenden materiellen Bedingungen abstrahiert, vollkommener als die Sinne.

6-Daher sind unter den Verständnissen (Gott-Engel-menschliche Kreatur) die immaterielleren auch vollkommener. Aber nur Gott ist in der Lage, alles aufgrund seiner eigenen Essenz zu verstehen oder zu kennen, weil sein Verständnis und seine Handlungen seine eigene Essenz sind.

II-Die Seele kennt die körperlichen Substanzen durch die *species impressa* (*Summa Theologica* I, q.84 a.3)

Es ist interessant, zunächst die Position derjenigen zu entwickeln, die meinen, dass die Seele die körperlichen Substanzen durch die angeborenen *species impressa* kennt. Anschließend die These zu erläutern, die Aquin zu beweisen beabsichtigt. Und schließlich, um die Antworten auf die ersten Positionen zu entwickeln. Denn dies wird es uns ermöglichen, das Wesen der thomistischen Erkenntnistheorie in ihrer ganzen Fülle zu verstehen.

Schauen wir uns an, was diejenigen denken, die gegen die Position des heiligen Thomas sind. Die Seele erkennt materielle Substanzen durch von Natur aus angeborene *species impressa* in ihr:

1-Die Engel wissen und verstehen alles aufgrund der Spezies oder Formen, die sie von Natur aus besitzen (angeboren). Engel und Menschen teilen das Verstehen oder Wissen, so dass jede Intelligenz Formen hat, um solche Operationen zu entwickeln. Daher besitzt die Seele angeborene Spezies von allem, durch die sie das Körperliche kennt.

2-Die intellektive Seele ist wertvoller als die körperliche Urmaterie. Letztere ist von Gott mit den Formen geschaffen, zu denen sie in der Potenz ist. Folglich und mit viel größerem Grund ist die menschliche Seele von Gott mit intelligiblen Formen oder Spezies geschaffen worden. Daher versteht oder kennt die Seele das Körperliche durch die ihr angeborenen intelligiblen Formen.

3-Ich kann nur das richtig beantworten, was ich weiß. *Aber auch eine ungebildete Person, die kein erworbenes Wissen hat, kann über konkrete*

Dinge richtig antworten, wenn sie ordentlich gefragt wird, wie es von einem in Platons Menon gesagt wird. Es scheint also, dass der Mensch, bevor er Wissen erwirbt, ein angeborenes Wissen über die Dinge hat. Dies ist möglich, weil die Seele die angeborenen intelligiblen Spezies besitzt. Daher versteht oder kennt die Seele das Körperliche durch die angeborenen intelligiblen Spezies oder Formen.

Gegen diese Argumente erinnert der heilige Thomas daran, dass der Verstand nach Aristoteles wie eine Tafel ist, auf der nichts geschrieben steht. Daher weiß der Mensch weder, noch versteht er durch angeborene intelligible Spezies.

Hier ist die These des heiligen Thomas, die mit Aristoteles übereinstimmt:

1-Der Mensch weiß sinnlich durch die Sinne und intellektuell durch den Verstand. Er kann im Akt oder in Potenz sein, um in beiden Modi zu wissen.

2-Er geht durch die jeweiligen Operationen von der Potenz zum Akt über. Wenn die Sinne aktiviert werden, indem sie von sinnlichen Eigenschaften bewegt werden, und wenn der Verstand lernt.

3-*Daher ist es notwendig zu behaupten, dass die intellektive Seele sowohl in Potenz zu Bildern, dem Prinzip der Empfindung, als auch zu Ähnlichkeiten, dem Prinzip der Intellektion, steht.*

4-Streng genommen besitzt der Verstand, durch den die Seele weiß, keine angeborenen intelligiblen Spezies, sondern ist ursprünglich in der Potenz, sie durch Lernen zu erwerben.

5-Die Behauptung, die Spezies seien angeboren, ist unzulässig.

5.1-Wenn die Seele dank der angeborenen intelligiblen Spezies eine natürliche (angeborene) Kenntnis von allem hat, wird nicht erklärt, wie es möglich ist, dass ihre Vergesslichkeit so groß ist, dass sie sich nicht an die Kenntnis von allem erinnert. In der Tat vergisst kein Mensch, was er von Natur aus weiß, wie zum Beispiel, dass das Ganze größer ist als der Teil und dergleichen. Wenn die Spezies ihr angeboren ist, sollte die Seele wie eine Gedächtnismaschine sein, die ständig in Akt ist.

5.2-Darüber hinaus ist zu beachten, dass, wenn ein Sinn fehlt, auch das Wissen um das, was dieser Sinn wahrnimmt, fehlt. Beispiel: Der blind geborene Mensch kann keine Farben erkennen. Dies wäre nicht der Fall, wenn die Seele von der Natur mit Spezies aller Farben ausgestattet wäre.

6-Schlussfolgerung: Die menschliche Seele kennt, anders als die Engel, das Körperliche nicht durch Spezies oder angeborene Formen.

Im Einklang mit dieser These antwortet der heilige Thomas auf die ersten drei Positionen der Widersprechenden:

1-Die Engel verstehen ebenso wie die Menschen. Aber der Engel ist als subsistente intellektuelle Substanz dem Menschen überlegen. Deshalb weiß der Mensch unvollkommener als der Engel. Der Verstand des Engels ist von Natur aus durch die angeborenen intelligiblen Spezies vervollkommnet, während der menschliche Verstand in Bezug auf diese in der Potenz ist.

2-Man kann die Urmaterie nicht mit der intellektuellen Seele vergleichen. Die Urmaterie ist in Potenz zu allen Formen. Hat sie einmal eine Form angenommen, so verleiht ihr dies ihr substantielles Sein. Die intellektuelle Seele ist in Potenz gegenüber allen intelligiblen Formen oder Spezies, aber sie erhält ihr substanzielles Sein nicht, wenn sie irgendeine von ihnen erwirbt. Sie besitzt es schon vorher.

3-Eine gut formulierte Befragung geht von den allgemeinen, allgemein bekannten Prinzipien zu den konkreten Fällen über. Dieses Verfahren führt zu Wissen in der Seele des Lernenden. Mit anderen Worten, eine gut formulierte Befragung bringt die Antworten hervor. *Daher, wenn man genau auf eine gestellte Frage antwortet, ist es nicht, weil man sie vorher kannte, sondern weil man sie dann zum ersten Mal kennt.* Die korrekt durchgeführte und entwickelte Befragung lehrt. *Im Übrigen spielt es keine Rolle, ob der Lehrer, wenn er von den allgemeinen Grundsätzen zu den Schlussfolgerungen übergeht, dies durch Erklärung oder durch Fragen tut, denn in beiden Fällen wird der Zuhörer durch das, was später kommt, durch das, was zuvor kommt, überzeugt.*

III-Die intellektuelle Erkenntnis geht von den sinnlichen Dingen aus (*Summa Theologica* I, q.84 a.6)

1-Der heilige Thomas fragt sich, ob die Erkenntnis der intellektuellen Seele von den sinnlichen Seienden ausgeht oder nicht. Er beschreibt mindestens drei Antworten auf diese Frage.

2-Demokrit vertrat die Ansicht, dass das Wissen seine einzige Ursache in der Aktivität der Sinne hat *(...) da der Sinn durch das sinnliche Objekt verändert wird, (die Alten) waren der Meinung, dass all unser Wissen nur durch diese durch das Sinnliche hervorgerufene Veränderung verifiziert wurde.*

3-Plato vertrat die Ansicht, dass weder das intellektuelle Wissen vom Sinnlichen ausgeht, noch dass das Sinnliche vollständig von den sinnlichen Objekten ausgeht, sondern dass die sinnlichen Objekte die sensitive Seele zum Wahrnehmen anregen, und die Sinne wiederum die intellektive Seele zum Verstehen anregen. Wir erinnern uns daran, dass er das Wissen auf die Ideen reduzierte, die die intelligiblen Formen aller Seienden sind.

4-Aristoteles vertritt eine Mittelposition. Wie Platon räumt er ein, dass der Verstand von den Sinnen verschieden ist. Aber im Gegensatz zu Platon glaubt er, dass der Sinn ein Akt der Seelen-Körper-Zusammensetzung und nicht ausschließlich der Seele ist. Er stimmt mit Demokrit darin überein, dass die Operationen des sensitiven Teils durch Eindrücke von sinnlichen Objekten auf die Sinne verursacht werden, aber nicht durch Emanation, wie Demokrit meinte, sondern durch eine Operation. Was den Verstand betrifft, so arbeitet er ohne das Zutun des Körpers. Damit die intellektuelle Operation stattfinden kann, reicht der Eindruck der sinnlichen Körper nicht aus; die von den Sinnen vermittelte Erkenntnis reicht nicht aus. Es ist der *intellectus agens*, der durch Abstraktion die von den Sinnen empfangenen Bilder intelligibel macht.

5-Der heilige Thomas schließt wie Aristoteles: Die intellektuelle Operation hat ihre materielle Ursache in den Sinnen, die durch die von ihnen erfassten körperlichen (sinnlichen) Seiende aktiviert werden. Die erzeugten Bilder *(phantasmata)* reichen allein nicht aus, um zu verstehen. Sie bedürfen des *intellectus agens*, um sie zu verarbeiten und sie im Akt intelligibel zu machen *(conversio ad phantasmata)*.

IV-Der Verstand braucht Bilder *(phantasmata)* (*Summa Theologica* I, q.84 a.7)

1-Unsere Vernunft braucht, um im Akt zu verstehen, den Rückgriff auf Bilder *(phantasmata)*, die Ergebnisse der Wahrnehmung des Sinnlichen durch die Sinne. Schon Aristoteles hat in *De Anima* III behauptet: Die Seele versteht nichts ohne Bilder.

2-Wir haben einen doppelten Anhaltspunkt, um eine solche Behauptung zu stützen:

3-**Der erste Anhaltspunkt**. Um im Akt zu verstehen, braucht der Verstand die Sinne. Obwohl seine eigenen Operationen kein körperliches Organ erfordern, kann der Verstand nicht ohne die *phantasmata* arbeiten, die aus der Wahrnehmung der Sinne entstehen. Und die Sinne funktionieren nur durch die körperlichen Organe. Ohne körperliche Sinnesorgane und ohne die Potenzen der sensitiven Seele (Vorstellungskraft, Gedächtnis) kann der Verstand (d.h. die intellektive Seele, die ohne jedes körperliche Organ arbeitet) daher nicht erfolgreich die Akte ausführen, die seiner Natur entsprechen.

Es ist daher offensichtlich, dass der Verstand, damit er im Akt verstehen kann, und zwar nicht nur bei der ersten Aneignung von Wissen, sondern auch bei der späteren Anwendung des erworbenen Wissens, die Tätigkeit der Vorstellungskraft und die der anderen Fähigkeiten benötigt. Denn wir bemerken, dass, wenn die Tätigkeit der Vorstellungskraft durch die Verletzung eines Organs verhindert wird, wie es bei den Wahnsinnigen der Fall ist, oder die Fähigkeit des Gedächtnisses wie bei denen, die sich in einem Zustand der Lethargie befinden, behindert ist, der Mensch im Akt nicht einmal jene Dinge verstehen kann, deren Erkenntnis er bereits erworben hatte.[21]

4-Der zweite Anhaltspunkt. Um etwas zu verstehen, bilden wir Bilder, in denen wir das, was wir zu verstehen versuchen, betrachten. Deshalb schlagen wir, wenn wir einem anderen etwas verständlich machen wollen, Beispiele vor, die es ihm ermöglichen, Bilder zu bilden, um zu verstehen.

5-Zusammenfassend: Unser Verstand, dessen eigentlicher Gegenstand das Allgemeine ist, braucht immer die Bilder oder *phantasmata* der besonderen körperlichen Gegenstände, die von den Sinnen der Körperorgane wahrgenommen werden, um aus ihnen das Allgemeine zu entnehmen (zu abstrahieren).

V-Die Urteilskraft des Verstandes wird behindert, wenn der Sinn aufgehoben ist (*Summa Theologica* I, q.84 a.8)

1-Der eigentliche Gegenstand unseres Verstandes ist das Wesen des Sinnlichen. Das heißt: das Seiende der Wesenheiten zu erkennen. Dieses Wissen ist universell.

2-All das, was wir im gegenwärtigen Leben verstehen oder wissen, das Körperliche und das Unkörperliche, verstehen oder wissen wir im Vergleich mit dem Sinnlichen.

3-*Daher ist es unmöglich, dass das Urteil unseres Verstandes vollkommen ist, wenn die Sinne, durch die wir das Sinnliche erkennen, behindert sind.*

VI-Der Verstand erkennt durch Abstraktion. (*Summa Theologica* I, q.85 a.1)

1-Die erkenntnismäßige Fähigkeit, betrachtet als solche, lässt drei Grade zu.

2-**Erster Grad**. Die erkenntnismäßige Fähigkeit als Akt eines körperlichen Organs. Dies ist der Fall bei den Sinnen. Ihr Objekt ist die Form in der körperlichen Materie. Da diese Materie das Prinzip der Individuation des Seienden ist, erkennt diese Fähigkeit das Seiende nur als konkrete Realität: dieses Seiende, das es hier und jetzt mit seinen Sinnen wahrnimmt, und kein anderes.

3-**Zweiter Grad**. Die erkenntnismäßige Fähigkeit, die weder Akt eines körperlichen Organs ist noch in irgendeiner Weise mit dem Körperlichen verbunden ist. Dies ist der Engelverstand. Sein Objekt ist die subsistente Form ohne Materie. Er kennt die materiellen Realitäten, aber insofern er sie in den immateriellen sieht, sei es in den angeborenen intelligiblen Spezies, die er besitzt, oder durch göttliche Erleuchtung.

4-**Dritter Grad**. Hier befindet sich der menschliche Verstand. Er nimmt eine Zwischenstellung zwischen den vorherigen ein. Er ist kein Akt eines körperlichen Organs, sondern ein Akt der Seele, der Form des Körpers. Aus diesem Grund gehört ihm als Eigenschaft die Erkenntnis der Form, die in der individuellen körperlichen Materie vorhanden ist, wenn auch nicht so, wie sie in der Materie ist. In der Tat abstrahiert er das Allgemeine aus dem Besonderen durch die intelligible Spezies der *phantasmata*. Er abstrahiert das Allgemeine aus diesem Fleisch und diesen Knochen, das heißt, aus der individuellen sinnlichen Materie.

(...) der Verstand abstrahiert das Allgemeine aus dem besonderen Körperlichen durch seine Trennung von der individualisierenden Materie, was bedeutet, dass wenn der Verstand die Idee des Menschen abstrahiert, er sie von diesem Fleisch und diesen Knochen abstrahiert, das heißt, von

der besonderen individualisierenden Materie, aber nicht von der Materie im Allgemeinen, der "intelligiblen Materie" (das heißt, die Substanz als Subjekt der Quantität). Die Körperlichkeit geht in die Idee des Menschen als solcher ein, obwohl die besondere Materie nicht in die universelle Idee des Menschen eingeht. Zweitens beabsichtigt Sankt Thomas nicht, dass das besondere Ding als solches nicht direktes Objekt der intellektuellen Erkenntnis sein kann, sondern dass das besondere sinnliche oder körperliche Objekt dies nicht sein kann. Mit anderen Worten, es wird ausgeschlossen, dass das besondere körperliche Objekt direktes Objekt des Aktes der intellektuellen Erkenntnis ist, nicht gerade weil es besonders ist, sondern weil es materiell ist, und weil der Verstand nur erkennt, indem er von der Materie als Prinzip der Individuation abstrahiert, das heißt, indem er von dieser oder jener Materie abstrahiert.[22]

5-Der Mensch erkennt die körperlichen Substanzen, indem er die Formen abstrahiert. Durch diese körperlichen Substanzen gelangt er zur Erkenntnis der unkörperlichen Substanzen.

Der intellectus agens erleuchtet nicht nur die Bilder, sondern abstrahiert auch von ihnen die intelligiblen Spezies. Er erleuchtet sie, weil (...) die Bilder durch den intellectus agens geeignet werden, dass von ihnen die intelligiblen Spezies abstrahiert werden können. Und er abstrahiert diese intelligiblen Spezies von den Bildern, insofern wir durch den intellectus agens die spezifischen Naturen der Dinge ohne ihre individuellen Bestimmungen betrachten können (...).[23]

VII-Die Beziehung der intelligiblen Spezies zu unserem Verstand (*Summa Theologica* I, q.85 a.2)

1-Die intelligible Spezies ist in Bezug auf den Verstand das Mittel, durch das der Verstand versteht oder erkennt.

2-Die intelligible Spezies ist nicht der Verstand im Akt, sondern die Repräsentation oder das Bild des im Akt Verstandenen.

3-Das im Akt Verstandene bedeutet sowohl das Verstandene als auch den Akt des Verstehens.

4-Die intelligible Spezies ist die Repräsentation des Verstandenen. Und sie ist die Form, nach der der Verstand erkennt oder versteht.

5-Die intelligible Spezies ist die Repräsentation der spezifischen Natur des Seienden, das verstanden oder erkannt wird, und nicht die seiner individuellen Prinzipien. Der Verstand erfasst das Allgemeine und nicht das Individuelle. Die Spezies ist eine universelle, keine individuelle Form.

6-Hier kehrt der Verstand zu sich selbst zurück. Durch einen einzigen reflexiven Akt erkennt er sein eigenes Verstehen und die Spezies, durch die er versteht. Auf diese Weise ist die intelligible Spezies sekundär das Verstandene. *Denn das Erste, was verstanden wird, ist die in der intelligiblen Spezies dargestellte Realität.*

7-*Das Ähnliche wird durch das Ähnliche erkannt*, wiederholten die alten Philosophen. Sie sagten auch, dass *die Seele die äußere Erde durch die in ihr vorhandene Erde erkennt*, Sätze, die das Kriterium definieren, nach dem wir erkennen. In der Seele ist nicht die Erde, sondern die Spezies der Erde, weshalb man sagen kann, dass die Seele durch die intelligiblen Spezies alle außerhalb von ihr existierenden Seienden erkennt.

VIII-Die Beziehung des Verstandes zum Universalen (*Summa Theologica* I, q.85 a.3)

1-Sankt Thomas unterscheidet zwei Aspekte in unserem intellektuellen Erkenntnisvermögen.

2-**Der erste Aspekt**. Das intellektuelle Wissen entsteht aus dem sinnlichen Wissen. Die Sinne nehmen das Einzelne wahr, und der Verstand nimmt das Allgemeine wahr. Daher muss die Erkenntnis der besonderen Dinge in uns der Erkenntnis der universellen Dinge vorausgehen.

3-**Der zweite Aspekt**. Unser Verstand geht von der Potenz zum Akt über. In jeder Bewegung erreicht das Seiende, bevor es den vollkommenen Akt erreicht, den unvollkommenen Akt. Dieser ist ein Zwischenstadium zwischen Potenz und Akt. *Der vollkommene Akt, den unser Verstand erreicht, ist die vollständige Wissenschaft, durch die wir die Dinge klar und bestimmt erkennen. Der unvollkommene Akt stellt die unvollkommene Wissenschaft dar, durch die wir die Dinge auf unbestimmte und verworrene Weise erkennen (...)*. Deshalb ist uns zuerst das Unbestimmte und dann das genaue Unterscheiden offensichtlich und klar. Wer unbestimmt und verworren erkennt, ist noch in der Potenz, um mit Unterscheidung und Klarheit zu erkennen. Wer die Gattung erkennt, ist in der Potenz, die Art zu erkennen.

4-Zusammenfassend: Die Erkenntnis der Einzeldinge ist der der Universalien vorausgehend, ebenso wie das sinnliche Wissen dem intellektuellen vorausgeht. *Aber sowohl im sinnlichen als auch im intellektuellen Bereich ist die Erkenntnis des allgemeineren vor der des weniger allgemeinen.*

IX-Wir können nicht viele Dinge gleichzeitig erkennen (*Summa Theologica* I, q.85 a.4)

1-Der Verstand kann viele Dinge verstehen oder erkennen, insofern sie eine Einheit bilden, aber nicht, insofern sie viele sind. Das bedeutet: soweit diese Seienden, die er erkennt, auf eine einzige intelligible Spezies oder auf mehrere intelligible Spezies reduziert werden.

2-Dies erklärt sich, wenn man sich daran erinnert, dass jede Operation von der Form als ihrem Prinzip ausgeht. *Daher kann der Verstand alles, was er durch eine einzige Spezies erkennen kann, gleichzeitig verstehen.*

3-Umgekehrt kann der Verstand die Dinge, die er durch verschiedene Spezies erkennt oder versteht, nicht gleichzeitig verstehen oder erkennen. Tatsächlich *ist es unmöglich, dass ein und dasselbe Subjekt gleichzeitig durch verschiedene Formen derselben Gattung und verschiedener Art vervollkommnet wird, ebenso wie es unmöglich ist, dass ein und derselbe Körper gleichzeitig und aus demselben Blickwinkel verschiedene Farben und Formen hat.*

4-Alle intelligiblen Spezies gehören zu einer Gattung, da sie alle zu einer intellektuellen Potenz gehören. Dies ist so, auch wenn sie Seienden verschiedener Gattungen repräsentieren.

5-*Deshalb ist es unmöglich, dass ein und derselbe Verstand gleichzeitig durch verschiedene intelligible Spezies vervollkommnet wird, sodass er im Akt verschiedene Objekte versteht.*

X-Unser Verstand erkennt, indem er zusammensetzt und trennt (*Summa Theologica* I, q.85 a.5)

1-Der menschliche Verstand erkennt, indem er zusammensetzt und trennt (analysiert und synthetisiert, letztlich urteilt).

(...) im verstandesmäßigen Diskurs wird die Schlussfolgerung mit ihrem Prinzip verglichen, im Zusammensetzen und Trennen wird das Prädikat mit dem Subjekt verglichen. (...) So stammt in unserem Verstand das Diskursieren und das Zusammensetzen und Trennen aus derselben Ursache, nämlich dass der Verstand in der ersten Wahrnehmung des erkannten Objekts nicht alles im Akt sehen kann, was es potenziell enthält.[24]

2-Wir haben bereits gesagt, dass der Verstand von der Potenz zum unvollkommenen Akt übergeht. An diesem Punkt angekommen, ist er in Potenz zum vollkommen Akt des Verstehens. Das bedeutet, dass das vollkommene Wissen der Seienden allmählich erworben wird.

3-Das unvollkommene Wissen der Sache erfordert das Argumentieren, was letztlich das Zusammensetzen und Trennen ist. Nur so wird ein immer vollkommeneres Wissen erreicht.

4-Wir haben gesehen, dass dies nicht auf den göttlichen Verstand noch auf den Engelverstand zutrifft. Sie erwerben ein unmittelbares und vollkommenes Wissen ihrer Objekte. *Daher erkennen sie, indem sie ihre Essenz kennen, gleichzeitig alles, was wir durch Zusammensetzung, Trennung und Argumentation erreichen können.*

XI-Der Verstand kann nicht falsch sein (*Summa Theologica* I, q.85 a.6)

1-Um die Frage zu beantworten, ob der Verstand sich irren kann oder nicht, ist es nützlich, ihn mit den Sinnen zu vergleichen. So ging Aristoteles vor.

2-Jede Potenz ist auf ihr Objekt ausgerichtet. *Und das, was ausgerichtet ist, handelt immer auf die gleiche Weise.* Deshalb richtet sich der Sinn natürlich auf das Sinnliche und der Verstand auf das Intelligible. Der Sinn, um Farben, Geräusche usw. zu erfassen, je nach dem, was es ist. Die Intelligenz, um Essenzen zu durchdringen. *Der Sinn irrt sich nie in seiner Handlung des Fühlens noch der Verstand in seiner Handlung des Verstehens.*

3-*Der Sinn irrt sich nicht in Bezug auf sein eigenes Objekt, zum Beispiel das Sehen über die Farbe, es sei denn, akzidentiell, aufgrund eines Hindernisses im Organ, wie es passiert, wenn der Gaumen eines Kranken das Bittere als Süßes beurteilt, weil seine Zunge gallig ist.*

4-Der Sinn kann sich in Bezug auf das allgemein Sinnliche irren. Zum Beispiel: *beim Urteil über die Größe oder die Form.* So wie wenn er die Größe der Sonne beurteilt, die er viel kleiner als die Erde sieht, obwohl sie in Wahrheit viel größer ist.

5-Der Sinn irrt sich auch in Bezug auf das akzidentiell Sinnliche. Zum Beispiel: *wenn er urteilt, dass Honig Galle ist aufgrund der Ähnlichkeit der Farbe.*

6-Sehen wir nun, was mit dem Verstand passiert. Das eigentliche Objekt des Verstandes ist es, die Essenz der Seienden zu verstehen. In diesem Sinne und absolut gesprochen irrt sich der Verstand nicht über die Essenz.

7-Der Verstand kann sich irren über das, was die Essenz umgibt, indem er Beziehungen herstellt, darüber urteilt, es differenziert oder darüber argumentiert, aber nicht über die Essenz selbst. Er kann sich auch irren über die von ihm aufgestellten Aussagen, die aus unfehlbaren Prinzipien wie den Ersten Prinzipien abgeleitet sind. Dass er diese umfasst, garantiert nicht die Wahrheit der Schlussfolgerungen, zu denen er kommt.

8-Der Verstand kann sich akzidentiell über die Essenz der zusammengesetzten Dinge irren. Zum Beispiel: indem er schlecht definiert. In diesem Fall wird die Definition eines Seienden auf ein anderes angewendet, als ob die Definition des Kreises auf das Dreieck angewendet wird.

9-Zusammenfassung: Der Fehler im Urteil der Sinne oder des Verstandes kann sich im Akzidentiellen, aber nicht im Wesentlichen seines eigenen Objekts ergeben.

XII-Unterschiede im Wissen (*Summa Theologica* I, q.85 a.7)

1-Sankt Thomas behauptet, dass ein Individuum mehr wissen kann als ein anderes. Diese Aussage kann auf zwei Arten verstanden werden.

2-**Die erste Art**. Der Begriff "mehr" bezieht sich auf den Akt des Verstehens oder Erkennens in Bezug auf das Verstandene oder Erkannte. In diesem Fall ist zu beachten, dass kein Individuum etwas mehr verstehen kann als ein anderes. Zum Beispiel: wenn es versteht, dass der Gang zum Heiler besser ist als der zum Arzt, würde sich dieses Individuum täuschen. Es würde nicht mehr verstehen, sondern es würde nicht verstehen, was es ist. Denn **die Wahrheit des Verstandes besteht darin, dass die Sache so verstanden wird, wie sie ist**.

3-**Die zweite Art**. Der Begriff **"mehr"** bezieht sich auf den Akt des Verstehens seitens des Verstehenden. In diesem Fall kann ein Individuum etwas besser verstehen als ein anderes, insofern sein intellektuelles Potenzial überlegen ist. Dies kann auf zwei Arten geschehen:

3.1-Seitens des Verstandes selbst. In diesem Fall ist der Verstand in einem Individuum vollkommener als in einem anderen. *(...) es ist offensichtlich, dass je besser der Körper beschaffen ist, desto besser ist die ihm entsprechende Seele (...) Der Grund dafür liegt darin, dass der Akt und die Form in der Materie gemäß der Fähigkeit der Materie empfangen werden.*

3.2.Seitens der unteren Fähigkeiten. *Tatsächlich sind diejenigen, die in ihren Vorstellungskräften* **(vis imaginativa)**, *Denkkraft* **(vis cogitativa)** *und Gedächtnis* **(vis memorativa)** *besser disponiert sind, besser geeignet zu verstehen.*

XIII-Was unser Verstand an den materiellen Dingen erkennt (*Summa Theologica* I, q.86 a.1-4)

1-**Unser Verstand erkennt die Einzeldinge der materiellen Dinge nicht primär und direkt**. Das heißt: er erkennt die Dinge nicht als einzelne Seienden. Denn sein Objekt ist es zu verstehen, indem er die Spezies von der Materie abstrahiert. Das von der individuellen Materie Abstrahierte ist universell, nicht individuell. Daher erkennt unser Verstand direkt nur das Universelle. **Aber indirekt erkennt er das Einzeldinge oder Besondere der Dinge**. Denn, nachdem die Essenzen abstrahiert wurden, muss er, um im Akt zu verstehen, notwendigerweise zu den *phantasmata* (Repräsentationen des Einzeldingen) zurückkehren, in denen er die intelligiblen Spezies versteht.

Eine höhere Fähigkeit hat die gesamte Kapazität der niedrigeren, aber auf eine erhabenere Weise. Daher kennt der Verstand das, was der Sinn materiell und konkret erkennt, und darin besteht die direkte Erkenntnis des Einzelnen, auf immaterielle und abstrakte Weise, und darin besteht die Erkenntnis des Universellen.[25]

2-**Unser Verstand kann das Unendliche nicht im Akt erkennen.** In den materiellen Dingen findet sich das Unendliche in Potenz. In dem Sinne, dass eine materielle Sache auf die andere folgt. Auf diese Weise findet sich das Unendliche in unserem Verstand: Er nimmt eine Realität nach der anderen wahr und kann so viele Dinge verstehen, dass er niemals aufhört, mehr und mehr Dinge zu verstehen. Aber er kann das Unendliche nicht im Akt verstehen. Denn im Akt erkennt er jede Sache durch eine einzige Spezies; und das Unendliche hat keine einzige Spezies. Auf diese Weise betrachtet, kann das Unendliche nur sukzessive verstanden werden: ein Teil nach dem anderen. Aber auf diese Weise ist es unmöglich, es im Akt zu erkennen.

(...) in den materiellen Dingen wird das Unendliche als dasjenige bezeichnet, das keine Grenzen hat, die aus einer Form stammen. Da die Form von sich aus erkannt wird, während die Materie ohne Form unerkennbar ist, muss man daraus schließen, dass das materielle Unendliche an sich unbekannt ist.[26]

3-**Unser Verstand erkennt das Kontingente.** Das Kontingente kann in einer doppelten Dimension betrachtet werden. In der ersten Dimension betrachten wir es als kontingent. In der zweiten Dimension, insofern im Kontingenten eine gewisse Notwendigkeit besteht. *Beispiel: Die Tatsache, dass Sokrates läuft, ist an sich kontingent. Aber die Beziehung des Laufens zur Bewegung ist notwendig, da, wenn Sokrates läuft, es notwendig ist, dass er sich bewegt.* Nun gut. Wir gehen von diesem Prinzip aus: das direkte Objekt des Verstandes ist das Universelle, und das indirekte Objekt ist das Einzelne; und, für seinen Teil, ist das direkte und einzige Objekt der Sinne das Einzelne der Seienden. Daraus folgt: *die kontingenten Realitäten werden, insofern sie kontingent sind, direkt durch die Sinne und indirekt durch den Verstand erkannt. Die universellen und notwendigen Begriffe dieser kontingenten Realitäten werden jedoch vom Verstand erkannt.*

4-Unser Verstand kann die Zukunft nicht erkennen. Die Zukunft kann auf zwei Arten erkannt werden. Die erste in sich selbst. Die zweite in ihren

Ursachen. Die Zukunft an sich ist für den Menschen unerkennbar. Nur Gott, ewig und vollkommen, kann sie erkennen. Die Zukunft in ihren Ursachen kann jedoch erkannt werden. Entweder weil die Effekte notwendigerweise eintreten werden, *wie der Astronom im Voraus das Eintreten einer Sonnenfinsternis kennt*; oder *weil die Konsequenzen aufgrund der größeren oder geringeren Neigung der Ursache, ihre Effekte zu erzeugen, vermutet werden.*

9. DIE SEELE UND DAS WISSEN ÜBER DAS IMMATERIELLE

I-Das Wissen, das die Seele von den immateriellen Substanzen hat (*Summa Theologica* I, q.88)

1-Die Seele kann die immateriellen Substanzen an sich nicht erkennen. Deshalb kann sie das Wesen der Engel oder Gottes nicht erkennen. Bezüglich ihrer selbst erkennt sich die Seele in zwei Bedeutungen. Erstens erkennt sie sich selbst durch ihre bloße Gegenwart. Das heißt: Wir wissen, dass wir eine intellektive Seele haben, weil wir wissen, dass wir erkennen und verstehen. Zweitens erkennt sie ihr eigenes Wesen durch eine mühsame und gründliche Untersuchung, nicht nur durch die Tatsache, dass sie existiert.

2-Ausgehend von den körperlichen Substanzen können wir die immateriellen erkennen, aber in gewisser Weise, nicht perfekt. Denn es gibt keine angemessene Proportion zwischen der materiellen und der immateriellen Ordnung.

3-Das Verstehen hat die Wesen der materiellen Dinge zum Gegenstand. Es erfasst nur das Materielle und macht dies intelligibel.

4-Die Ähnlichkeit der Natur zwischen der Seele und den immateriellen Substanzen reicht nicht aus, um das Wissen zu garantieren. Die menschliche Seele ist fähig, das Materielle zu erkennen, insofern sie dessen Formen oder Ähnlichkeiten durch den *intellectus agens* aufnimmt. Und dieser kann seine Aufgabe dank der Sinne erfüllen, die das Sinnliche erfassen. Das Immaterielle bleibt außerhalb der Reichweite der Sinne. Deshalb kann der *intellectus agens* niemals das Wesen dieser Substanzen abstrahieren.

5-Letztlich verstehen wir, indem wir auf die Bilder zurückgreifen. Die immateriellen Substanzen fallen weder unter die Sinne noch unter die Vorstellungskraft. Deshalb können wir sie nicht direkt erkennen.

(...) Aus der Tatsache, dass unser Verstand die getrennten Substanzen nicht erkennt, folgt nicht, dass kein anderer Verstand sie erkennt; denn sie erkennen sich selbst und untereinander. (...) Der Zweck der getrennten Substanzen ist nicht, dass wir sie erkennen. Nur das, was sein Ziel nicht erreicht, für das es existiert, kann als nutzlos und überflüssig bezeichnet werden. Deshalb folgt daraus nicht, dass die immateriellen Substanzen nutzlos sind, selbst wenn sie von uns in keiner Weise erkannt würden.[27]

6-Es ist unserem Verstand unmöglich, die immateriellen Substanzen zu erkennen, indem er deren Wesen erfasst. Was wir von ihnen kennen, ist durch Verneinung *(via negationis)* und Entfernung *(via remotionis)* und durch ihre Beziehungen zu den materiellen Dingen.

7-Die menschliche Seele versteht sich selbst durch ihren eigenen Akt des Verstehens, der ihre Macht und Natur vollkommen offenbart. Aber weder dies noch etwas anderes, das in den materiellen Substanzen zu finden ist, lässt uns die Macht und Natur der immateriellen erkennen, weil keine Angemessenheit zwischen den einen und den anderen besteht.

8-Folgend dem Gesagten müssen wir feststellen, dass unser Verstand die immateriellen Substanzen nicht erkennen kann, geschweige denn das Wesen der ungeschaffenen Substanz, das heißt Gott. *Deshalb ist Gott nicht das Erste, was wir erkennen*, sondern wir gelangen zu seinem Wissen durch seine Wirkungen.

Wir erkennen alle Dinge durch Gott, nicht insofern er das Erste ist, das erkannt wird, sondern insofern er die erste Ursache der Erkenntnisfähigkeit ist.[28]

II-Das Wissen der getrennten Seele (*Summa Theologica* I, q.89)

1-Solange sie mit dem Körper verbunden ist, kann die Seele nichts erkennen oder verstehen, außer durch die Bilder *(phantasmata)*. Sankt Thomas fragt sich, wie die Seele erkennt, wenn sie vom Körper getrennt ist, da sie die Sinnesorgane, die das Sinnliche erfassen, nicht mehr hat, was Voraussetzung für die Bildung der Bilder ist.

2-Es ist offensichtlich, dass die Seele eine andere Weise des Seins hat, wenn sie mit dem Körper verbunden ist und wenn sie von ihm getrennt ist. Sie behält jedoch dieselbe Natur. Die Vereinigung, die sie mit dem Körper erlebt, ist für die Seele nicht akzidentiell. Im Gegenteil, sie ist eine Anforderung ihrer eigenen Natur.

3-Getrennt vom Körper, versteht die Seele wie die anderen getrennten Substanzen, das heißt, sie wendet sich direkt dem Intelligiblen zu. Aber diese Weise des Verstehens ist ihr nicht natürlich. Deshalb vereint sie sich mit dem Körper: um gemäß ihrer Natur zu existieren und zu handeln.

4-Es ist nun zu beweisen, dass die menschliche Seele die niedrigste der intellektuellen Substanzen ist (Gott-Engel-menschliche Seele). Je höher die intellektuelle Substanz ist, desto weniger Formen (Spezies oder Ähnlichkeiten) benötigt sie zum Erkennen. Bis hin zu Gott, der durch sein Wesen erkennt. Die niederen Substanzen benötigen viel mehr Formen, die weniger universell und weniger wirksam sind, um die Realität zu durchdringen, da ihnen die intellektuelle Kraft der höheren fehlt. Deshalb, wenn die menschliche Seele die universellen Formen der höheren besäße, ohne deren Intelligenzfähigkeit zu besitzen (die sie in der Tat nicht besitzt), würde sie dennoch kein vollkommenes Wissen der Dinge erlangen. Sie würde auf eine verworrene und allgemeine Weise wissen. *Dies zeigt sich teilweise auch unter den Menschen, denn die weniger Intelligenten erwerben kein perfektes Wissen durch die universellen Konzepte der Intelligenteren, es sei denn, ihnen wird jede Sache im Einzelnen erklärt.*

5-Deshalb kann man schließen, dass die Seelen, um ein angemessenes Wissen des Sinnlichen zu haben, mit dem Körper verbunden sein müssen. Ein perfektes Wissen ihrer eigenen Essenz erreicht die Seele nur durch die sinnlichen Körperorgane.

6-Somit versteht und erkennt die vom Körper getrennte Seele nicht durch Bilder, sondern indem sie auf das Intelligible zurückgreift. Sie versteht und erkennt durch Spezies, die durch göttlichen Einfluss empfangen werden, genauso wie die Engel. Deshalb erkennt sie sich selbst durch sich selbst. Sie erkennt das Höhere und das Niedrigere als sie selbst, gemäß ihrer eigenen Weise des Seins, denn eine Sache wird gemäß der Weise, wie sie im Subjekt, das erkennt, ist, erkannt und ist in einem anderen gemäß der Weise des Seins dessen, in dem sie ist. Die Weise der getrennten Seele ist niedriger als die der Engel und ist gleich der der anderen Seelen. Folglich hat sie ein perfektes Wissen dieser Seelen, aber ein unvollkommenes und defizitäres Wissen der Engel.

7-Das Wissen, das die getrennte Seele durch die Spezies hat, ist allgemein und verworren, nicht eigen und sicher. *So haben die Engel durch diese Spezies in dem Maße, in dem sie ein perfektes Wissen des Natürlichen haben, die getrennten Seelen ein unvollkommenes und verworrenes Wissen.*

8-Die getrennten Seelen erkennen einige singuläre Seiende. Um dies zu beweisen, erinnert Sankt Thomas daran, dass es zwei Weisen des Verstehens gibt. Erstens, durch Abstraktion der Bilder. So erkennt die Seele, die mit dem Körper verbunden ist. Diese Weise ermöglicht es uns, das Universelle direkt und das Singuläre indirekt zu erkennen. Zweitens, wie die getrennten Substanzen und insbesondere die vom Körper getrennte Seele erkennt: durch die von Gott eingegossenen Spezies.

9-In diesem Wissen durch die eingegossenen Spezies haben die Engel ein perfektes und eigenes Wissen der Dinge. Die getrennten Seelen haben ein unvollkommenes und verworrenes Wissen. Durch die Wirksamkeit ihres Verstandes können die Engel durch solche Spezies die Natur der Dinge spezifisch erkennen, und auch das Singuläre, das in den Spezies enthalten ist. Im Gegensatz *dazu können die getrennten Seelen durch diese Spezies nur jene singulären Dinge erkennen, mit denen sie eine Beziehung haben (...) sei es diese Beziehung durch vorheriges Wissen, durch ein Gefühl, durch eine natürliche Neigung oder durch göttliche Anordnung (...).*

10. GRUNDLEGENDE KONZEPTE ÜBER DIE SEELE

In diesem Kapitel werden wir die bisher entwickelten Hauptideen durchgehen. Wir nehmen das Erbe von Sankt Thomas in seinen *Quaestiones disputatae de anima (Disputierte Fragen über die Seele)* als Referenz.

Die Natur der Seele

1-Es kann gesagt werden, dass das, wodurch der Körper lebt, die Seele ist. Leben, für die Lebenden, ist Sein. Somit ist die Seele das, wodurch der menschliche Körper das Sein im Akt hat. Das heißt, die Seele ist die Form des Körpers.[29] Die Seele ist Akt eines organischen Körpers.[30] Sie besitzt nicht von sich aus ihre vollständige Art, sondern tritt in die Zusammensetzung (menschliches Seiende: Seele und Körper) als Ergänzung der Art ein.[31]

(...) Die Seele wird als Form des Körpers bezeichnet, insofern sie Ursache des Lebens ist, wie die Form Prinzip des Seins ist: Denn Leben ist für die Lebenden ihr Sein, wie der Philosoph im Buch II Über die Seele sagt.[32]

2-Die Seele verbindet sich mit dem Körper als Ursache der Intellektion. Die Intellektion der Essenzen der materiellen Substanzen ist die eigentliche und hauptsächliche Operation der menschlichen Seele. Daher ist es notwendig, dass der Körper, der mit der Seele verbunden ist, so gut wie möglich darauf vorbereitet ist, ihr in allem zu dienen, was ihr erlaubt, diese Operation zu erfüllen.[33] Der menschliche Körper ist entsprechend der Form, die ihm zukommt, beschaffen.[34] Daher ist der Körper aus Teilen zusammengesetzt, die den verschiedenen Operationen dienen, die die Seele ausführt, sogenannte Organe.[35]

3-Die Seele gibt dem Körper das Sein, insofern sie sich mit ihm verbindet. Sie gibt dem ganzen Körper und jedem Teil des Körpers das Sein. Daher ist die Seele im ganzen Körper und in jedem Teil von ihm.[36]

4-Die Seele operiert dort, wo sie ist. Ihre Operationen manifestieren sich in jedem Teil des Körpers. Daher ist die Seele in jedem Teil des Körpers.[37]

5-Die Verbindung der Seele (Form) mit dem Körper (Materie) ist eine substantielle Verbindung. Sie ist nicht wie die Verbindung der Form eines Hauses mit dessen Materie. In diesem Fall (Form durch Aggregation oder Zusammensetzung) wird die Verbindung dadurch realisiert, dass die Form des Hauses ein Ganzes ist, das sich aus der Summe der Formen jeder ihrer Teile ergibt.

Aristoteles behauptet im Buch II von *Über die Seele*, dass, wenn die Seele den Menschen verlassen würde, weder das Auge noch das Fleisch noch irgendein anderer Teil seine Essenz behalten würde, es sei denn in einem equivoken Sinne. Wenn die Seele nur in einem Teil als Form residieren würde, wäre sie der Akt eines spezifischen Organs, wie des Herzens, und nicht eines vollständigen organischen Körpers. So würden die anderen Teile durch verschiedene Formen vervollkommnet, und der Körper als Ganzes wäre keine natürliche Einheit, sondern eine zusammengesetzte Einheit.[38]

6-Die Seele verbindet sich direkt und unmittelbar mit dem Körper, ohne irgendeinen Mittler. Sie ist substantielle Form, keine akzidentielle Form. Sie ist die Form des Körpers und jedes Teils des Körpers.

Es ist der **substanziellen Form** eigen, der Materie das absolute Sein zu verleihen, da die Dinge durch sie das sind, was sie sind. Im Gegensatz dazu verleihen die akzidentellen Formen nicht das absolute Sein, sondern nur ein relatives Sein, wie groß, farbig oder ähnlich zu sein. Wenn eine Form der Materie nicht das absolute Sein verleiht, sondern sich einer bereits durch eine andere Form bestehenden Materie hinzufügt, ist sie keine substantielle Form. Daraus folgt, dass zwischen der substantiellen Form und der Materie keine substantielle Zwischenform existieren kann.[39]

7-Die Form tritt in die Materie ein, insofern die Materie durch die geeigneten Dispositionen vorbereitet ist, sie zu empfangen. Deshalb, wenn solche Dispositionen verschwinden, bleibt die Form nicht in dieser Materie. Ebenso verschwindet die Verbindung der Seele mit dem Körper.[40]

8-Sankt Thomas verteidigt die folgende These: die Seele befindet sich als **Prinzip der Bewegung** des Körpers im Herzen. Was er nicht akzeptiert, ist, dass das **Prinzip des Seins** des Körpers im Herzen liegt. Außerdem denkt er, dass der edelste der Sinne der Tastsinn ist.

9-Die Seele ist *hoc aliquid*, das heißt, ein dies, eine konkrete Realität. Sie ist ein subsistierendes Seiende an sich, weil sie von sich aus wirkt.[41] Zusammengefasst: sie ist eine subsistierende Form, weil sie in der Lage ist, die Essenzen aller Körper zu erkennen.

10-Die letzte Vollkommenheit der menschlichen Seele besteht im Wissen der Wahrheit. Um dies zu erreichen, muss sie sich mit dem Körper verbinden, da die Seele nur durch die *phantasmata* versteht, die ohne den Körper nicht existieren.[42]

11-Die Seele hat eine Operation, die sie allein, ohne Einwirkung des Körpers, erfüllt. Dies ist die Intellektion. Es gibt kein körperliches Organ der Intellektion, wie das Auge es für das Sehen ist. Daraus folgt, dass die intellektive Seele durch sich selbst wirkt. Und da jede Sache gemäß ihrem Akt wirkt, ist es ebenso notwendig, dass die intellektive Seele das Sein absolut durch sich selbst hat, unabhängig vom Körper. Tatsächlich haben Formen, deren Sein von der Materie oder vom Subjekt abhängt, keine eigene Operation; so ist es nicht die Wärme, sondern das, was warm ist, das wirkt.[43]

12-Die Seele kann das Wissen des Immateriellen (die Essenz der Seienden) nur aus dem Materiellen (den *phantasmata*) erlangen. Daher schließen wir, dass die Vervollkommnung ihrer spezifischen Natur nicht ohne ihre Verbindung zum Körper erreicht werden kann. Denn eine Sache kann nicht spezifisch vollständig sein, wenn sie nicht alles besitzt, was für ihre eigene spezifische Operation notwendig ist.[44]

13-Die Seele ist im Körper wie in ihrer Materie. Ihr Sein stammt von Gott als ihrem aktiven Prinzip. Die Individualität der Seele endet nicht mit dem Verderben des Körpers.[45]

14-Die menschliche Seele ist kein *hoc aliquid*, als ob sie eine Substanz wäre, die ihre vollständige Art hat; sondern sie ist es, wie ein Teil dessen, was die vollständige Art hat.[46]

Obwohl die Seele für sich existieren kann, hat sie dennoch nicht die Art an sich, sondern ist Teil der menschlichen Art.[47]

15-Der Körper wird mit der Seele wie die Potenz mit dem Akt verglichen. Die Seele ist nicht vollständig im Körper enthalten. Dies zeigt sich schnell, wenn man zugesteht, dass eine ihrer Operationen -die Intellektion-die Materie-Körper übersteigt.[48]

16-Beim Verderben des Körpers verliert die Seele nicht ihren Charakter als Form. Dies, obwohl sie keine Materie aktualisiert, was der Form eigen ist.[49] Streng genommen ist das, was eigentlich verderbt, nicht die Form, nicht die Materie und nicht das Sein selbst, sondern das Zusammengesetzte.

17-Sankt Thomas akzeptierte nicht die Existenz einer Form des Körpers *(forma corporeitatis)* als erste substantielle Form der Materie-Körper in der menschlichen Kreatur. Somit gibt es im zusammengesetzten Seienden aus Seele und Körper, das der Mensch ist, nur eine substantielle Form: die rationale Seele. Diese informiert direkt die Materie-Körper. Die Seele ist die Form des Körpers und die Form des Zusammengesetzten. Es gibt keine *forma corporeitatis* im Menschen und auch keine vegetativen oder sensitiven substantiellen Formen.[50]

18-Im Menschen gibt es nur eine substantielle Seele. Diese ist zugleich rational, sensitiv und vegetativ. Keine substantielle Form verbindet sich mit der Materie durch eine andere substantielle Form. Im Gegenteil, die vollkommenere Form (wenn die niedrigere Form verschwindet) gibt der Materie das, was die niedrigere Form ihr gegeben hat, und zusätzlich das, was sie selbst neu bringt. Daher verleiht die rationale Seele dem menschlichen Körper das, was die vegetative Seele den Pflanzen gibt, das, was die sensitive Seele den irrationalen Tieren gibt, und das, was nur sie aufgrund ihrer intellektuellen Natur geben kann. Im Menschen sind die vegetative, sensitive und rationale Seele numerisch dieselbe.[51]

Potenzen und Operationen der Seele

19-Die Potenzen der Seele sind nicht das Wesen der Seele, sondern natürliche Eigenschaften, die aus dem Wesen der Seele hervorgehen. Es ist das zusammengesetzte Seiende (Seele und Körper), das sieht, hört, riecht, fühlt usw. Zusammengefasst: das alles wahrnimmt. Daher ist es offensichtlich, dass die Potenzen im Zusammengesetzten als ihrem Subjekt existieren, aber aufgrund der Seele als ihrem Prinzip. Folglich, wenn der Körper zerstört wird, werden die Potenzen zerstört, obwohl sie in der Seele als ihrem Prinzip verbleiben. Das heißt: sie bleiben nur potenziell, wie in ihrer Wurzel, aber nicht im Akt.[52]

20-Die Essenz verhält sich zum Existieren (Sein=*esse*) wie die Macht (Macht zu handeln) zum Handeln. So wie Existieren (Sein=*esse*) und Handeln zusammengehören, gehören auch Potenz und Essenz zusammen. Aber nur in Gott sind Existieren (Sein=*esse*) und Handeln dasselbe. Daher sind nur in Gott Potenz und Essenz dasselbe. Deshalb ist die Seele nicht ihre eigenen Potenzen.[53]

21-Die Potenz ist das Prinzip irgendeiner Operation, sei es als Aktion oder als Passion. Prinzip ist hier nicht das Subjekt, das handelt oder leidet, sondern das, wodurch das Agens handelt oder der Leidende leidet.[54]

Die Seele ist das Prinzip der Operation, aber nicht das unmittelbare, sondern das erste Prinzip. Denn die Kräfte operieren durch die Kraft der Seele, ebenso wie die Eigenschaften der Elemente durch die substanziellen

Formen wirken.[55] Daher können wir sagen, dass die Seele das Prinzip der Empfindung ist, nicht als Fühlendes, sondern als das, was dem Fühlenden das Fühlen ermöglicht. Daher befinden sich die sensitiven Kräfte nicht in der Seele als ihrem Subjekt, sondern gehen von der Seele als ihrem Prinzip aus.[56]

22-Die Potenzen werden durch ihre Akte unterschieden, und die Akte werden durch ihre Objekte unterschieden. Um dieses Prinzip zu demonstrieren, argumentiert der Aquinate: *Vollkommene Dinge werden durch ihre Vollkommenheiten unterschieden. Aber die Objekte sind die Vollkommenheiten der Potenzen. Also werden die Potenzen durch ihre Objekte unterschieden.*[57] Die Potenz wird in Bezug auf die Akt genannt. Daher muss die Potenz durch die Akt definiert werden. Und außerdem müssen sich die Potenzen je nach Vielfalt der Akte unterscheiden. Aber die Akt erhält ihre Art von den Objekten. Auf diese Weise, wenn die Akte von passiven Potenzen sind, sind ihre Objekte aktiv, und wenn die Akte von aktiven Potenzen sind, sind ihre Objekte wie Ziele. Und die Art der Operation hängt auch von einem oder anderen Objekttyp ab.[58]

23-Die Seele wird nicht geschwächt, wenn der Körper geschwächt wird. Aristoteles gab im Buch I *Über die Seele* das Beispiel, dass wenn ein alter Mann das Auge eines Jungen erhält, er sicherlich auch wie ein Junge sehen wird. Daher können wir folgern: Die Schwäche einer Operation tritt nicht aufgrund der Schwäche der Seele auf, sondern des Organs.[59]

24-Die **eigentliche** Operation der Seele besteht darin, die Intelligiblen im Akt zu verstehen.

25-Der Philosoph akzeptiert das Vorhandensein von Teilen der Seele, nicht in Bezug auf ihre Essenz, sondern in Bezug auf ihre Potenz. Deshalb sagt er, dass die Seele genauso im ganzen Körper ist, wie auch der Teil der Seele im Körperteil ist.[60]

26-**Die vegetative Fakultät** umfasst die Kräfte der Ernährung, des Wachstums und der Fortpflanzung.

Die sensitive Fakultät umfasst die äußeren Sinne des Sehens, Hörens, Riechens, Schmeckens und Tastens, sowie die inneren Sinne des Gemeinsinns *(sensus communis)*, der Vorstellungskraft *(phantasia)*, des Schätzungsvermögens *(vis aestimativa)* und des Gedächtnisses *(vis memorativa)*.

Die rationale Fakultät umfasst den *intellectus agens* (oder aktiven) und den *intellectus possibilis* (oder möglichen).

27-Aufgrund ihrer Exzellenz hat die Seele viele mehr Operationen als die unbelebte Sache; daher muss sie viele Potenzen haben.[61]

28-In den Potenzen oder Fähigkeiten der Seele gibt es eine gewisse Hierarchie. Daher ist, je höher die Potenz ist, ihr Objekt umso weiter und umfassender.

Die vegetative Fakultät bezieht sich auf den eigenen Körper des Subjekts.

Die sensitiven und intellektuellen Fähigkeiten beziehen sich auch auf Objekte außerhalb des Subjekts selbst. Wir finden daher zwei weitere Potenzen neben den bereits erwähnten:

a-Wenn wir die Eignung des externen Objekts betrachten, vom Subjekt durch Wahrnehmung aufgenommen zu werden, gibt es zwei Arten von Fähigkeiten, die sensitive und die intellektuelle, wie bereits erwähnt.

b-Wenn wir die Neigung und Tendenz der Seele zum äußeren Objekt betrachten, gibt es zwei weitere Potenzen: die der Lokomotion, durch die das Subjekt sein Objekt durch eigene Bewegung erreicht, und die der Appetenz, durch die das Objekt als Ziel gewünscht wird.

Die Potenz der Lokomotion entspricht dem Niveau des sinnlichen Lebens

Die Appetenzpotenz ist zweifach. Sie umfasst das Verlangen auf der sinnlichen Ebene oder das sinnliche Verlangen; und das Verlangen auf der intellektuellen Ebene oder den Willen.

Zusammenfassend lässt sich also feststellen:

a-**Auf der vegetativen Ebene,** die Fähigkeiten der Ernährung, des Wachstums und der Reproduktion;

b-**Auf der sensitiven Ebene**, die fünf äußeren Sinne, die vier inneren Sinne, die Lokomotionskraft und der sensitive Appetit;

c-**Auf der rationalen Ebene**, den aktiven Verstand *(intellectus agens)*, den passiven Verstand *(intellectus possibilis)* und den Willen.

29-Die Potenzen oder Fähigkeiten der Seele sind tatsächlich voneinander verschieden. Dies zeigt sich daran, dass sie unterschiedliche formale Objekte haben (zum Beispiel hat das Sehen die Farbe als eigenes Objekt; das Hören den Klang usw.) und zudem ihre Aktivitäten verschieden sind.

30-Verstand und Vernunft sind keine verschiedenen Fähigkeiten, denn es ist derselbe Geist, der die Wahrheit erfasst und der von einer Wahrheit zur anderen argumentiert.

31-Die höhere Vernunft, die sich mit den ewigen Dingen befasst, ist keine andere Fähigkeit als die niedere Vernunft, mit der wir ein rationales Verständnis der zeitlichen Dinge erlangen.

Das Gleiche gilt für die spekulative und praktische Verstand, die nichts weiter als eine einzige Fähigkeit darstellen.

32-Sankt Thomas spricht von inneren Sinnen. Es handelt sich um Operationen des sensitiven Lebens, die nicht die Mitwirkung der Vernunft voraussetzen. Die Existenz solcher Sinne ergibt sich aus zwei Gründen:

a-Es muss einen inneren Sinn geben, durch den die Daten der verschiedenen äußeren Sinne unterschieden und zusammengeführt werden. Das Auge sieht die Farbe, das Ohr hört Geräusche usw. Aber das Auge kann die Farbe nicht vom Klang unterscheiden, weil es nicht hören kann. Diese Funktion des Unterscheidens und Zusammenführens wird vom **Gemeinsinn** *(sensus communis)* ausgeführt.

b-Es muss einen inneren Sinn geben, durch den die von den Sinnen wahrgenommenen Formen bewahrt werden. Dies ist die Funktion der *phantasia* **oder Vorstellungskraft**.

c)Es muss einen inneren Sinn geben, durch den Dinge erfasst werden, die nicht durch die Sinne wahrgenommen werden können. Zum Beispiel, dass etwas nützlich ist, dass jemand oder etwas freundlich oder feindlich ist. Dies ist die Funktion der *vis aestimativa* (Schätzungsvermögen) bei den Tieren (durch das bloße Eingreifen des tierischen Instinkts) und der *vis cogitativa* (konkrete Vernunft) bei den Menschen (durch das Eingreifen der Vernunft). Dann gibt es noch die *vis memorativa* (Gedächtnis), die Befürchtungen bewahrt.

33-Der Mensch hat auch einen Willen. Der Wille begehrt von Natur aus das Gute als solches oder das Gute im Allgemeinen. Der sensitive Appetit hingegen begehrt das Gute der einzelnen, von den Sinnen erfassten Objekte. Das, was der Wille von Natur aus als Gut begehrt, ist das letzte Ziel des Menschen. Und das ist das Glück. Der Mensch will glücklich sein.

34-Der Verstand und der Wille haften der Seele als ihrem Subjekt an und nicht dem zusammengesetzten Wesen (wie die vegetativen und sensitiven Fähigkeiten).

35-Der Wille des Menschen begehrt von Natur aus das Gute. Da er jedoch die Fähigkeit zur Wahl beibehält, kann er sich täuschen und sich für partikulare Güter entscheiden. Das Gute, das ihn allein zufriedenstellen kann, ist das unendliche Gute, Gott. Aber ihm ist die Beziehung zwischen dem begehrten Guten und Gott nicht klar ersichtlich. Deshalb kann er sich täuschen und irren.

36-Der freie Wille ist keine von dem Willen verschiedene Potenz oder Fähigkeit. Der freie Wille ist der Wille, verstanden als Prinzip unserer freien Wahl der zum angestrebten Ziel führenden Mittel. Der freie Wille impliziert die Fähigkeit des Menschen, frei darüber zu urteilen, was ihm die Verwirklichung seines Begehrens ermöglichen wird. In diesem Sinne gehört der freie Wille zum Willen und nicht zum Verstand. Das Urteil, das das Handeln bestimmt, ist der Vernunft zuzuschreiben, aber die Freiheit des Urteils gehört zum Willen.

Der Verstand

37-Die Seele verbindet sich mit dem Körper entsprechend der Art des Körpers. In dem Teil, der die Fähigkeit des Körpers übersteigt, bewahrt sie eine intellektuelle Natur. Daher sind die in ihr aufgenommenen Formen intelligibel und nicht materiell.[62]

38-Das Bild *(phantasma)* bewegt den Verstand, insofern es durch die Kraft des *intellectus agens* oder tätigen Intellekts tatsächlich intelligibel gemacht wird. Der *intellectus possibilis* oder aufnehmende Intellekt verhält sich zum tätigen Intellekt wie die Potenz zum Agens.[63]

39-Die intelligible Spezies ist das, wodurch *(quo)* der Verstand versteht, nicht das, was *(quod)* der Verstand versteht, es sei denn, sie wird durch Reflexion verstanden, insofern er versteht, dass er das versteht, wodurch er versteht.[64] Die Universalien werden durch die intelligiblen Spezies erkannt, aber sie sind nicht die intelligiblen Spezies selbst.

40-Der *intellectus possibilis* ist intelligibel, ebenso wie die anderen intelligiblen Dinge. Dies geschieht dadurch, dass er sich selbst durch die intelligible Spezies anderer Intelligibler versteht. Denn durch das Objekt kennt er seine Operation, und durch diese gelangt er dazu, sich selbst zu kennen.[65]

41-Die intelligible Spezies wird sowohl mit dem *intellectus agens* als auch mit dem *intellectus possibilis* verglichen. Mit dem *intellectus possibilis* als ihrem Empfänger und mit dem *intellectus agens* als demjenigen, der sie durch Abstraktion zu dem macht, was sie ist.[66]

42-In uns gibt es ein formales Prinzip, durch das wir die Intelligiblen empfangen, und ein anderes, durch das wir sie abstrahieren. Diese Prinzipien sind jeweils der *intellectus possibilis* oder passive Verstand und der *intellectus agens* oder aktive Verstand. Daher ist jeder von ihnen etwas Reales in uns.[67]

43-Die intelligiblen Spezies befinden sich manchmal nur in Potenz im *intellectus possibilis*, und dann ist der Mensch potenziell intelligent und bedarf etwas, das sie in Akt versetzt, zum Beispiel durch Lernen. Manchmal befinden sie sich im *intellectus possibilis* im vollkommenen Akt, und dann versteht er tatsächlich. Schließlich können sie in einer Weise zwischen Potenz und Akt existieren, das heißt, als Gewohnheiten. In diesem Fall kann er verstehen, wenn er es will.[68]

44-Für jeden der Verstände, den möglichen und den aktiven, gibt es zwei Handlungen. Der Akt des *intellectus possibilis* ist der Empfang von Intelligiblen. Der Akt des *intellectus agens* ist die Abstraktion von Intelligiblen. *Und dennoch folgt daraus nicht, dass es eine doppelte Intellektion im Menschen gibt; denn es ist notwendig, dass jede dieser Handlungen auf eine einzige Intellektion abzielt.*[69]

45-Der *intellectus agens* ist edler als der *intellectus possibilis*, aber nicht so, dass er eine getrennte Substanz ist.[70]

46-Dasselbe Objekt, nämlich das intelligible in Akt, verhält sich zum *intellectus agens* als das, was von diesem hervorgebracht wird, und zum *intellectus possibilis* als das, was diesen bewegt. Und so ist offensichtlich, dass dieselbe Sache nicht aus demselben Grund zum *intellectus agens* und zum *intellectus possibilis* gehört.[71]

47-Aristoteles sagt im dritten Buch *De anima (Über die Seele)*, dass *die Bilder* (phantasmata) *zur intellektiven Seele so stehen, wie die sinnlichen Objekte zu den Sinnen*. Ebenso wie die Farben nicht tatsächlich sichtbar sind außer durch das Licht, sind die Bilder *(phantasmata)* nicht tatsächlich intelligibel außer durch den *intellectus agens*.[72]

48-Es gibt keine Intellektion ohne Bilder *(phantasmata)*.

49-*Der intellectus agens* erfasst das Wesen der körperlichen Substanz durch Abstraktion. Dabei gewinnt er das Universale der betreffenden Substanz, das wir intelligible Spezies nennen. Dies geschieht durch seine eigene natürliche Kraft und nicht durch irgendeine besondere Erleuchtung von Gott, wie Augustinus dachte.

50-Nachdem der *intellectus agens* die intelligible Spezies selbst abstrahiert hat, erzeugt er im *intellectus possibilis* oder passiven Verstand die *species impressa*. Der passive Verstand erzeugt daraufhin das universelle Konzept der betreffenden Substanz oder die *species expressa*. Dieses abstrakte Konzept impliziert eine Modifikation des Verstandes. Es ist in unserem Geist das Abbild der von den Sinnen erfassten körperlichen Substanz.

51-Der Verstand des Menschen enthält keine angeborenen Ideen, sondern ist potenziell für den Empfang von Konzepten. Daher muss er in den Akt überführt werden, und diese Überführung in den Akt muss durch ein Prinzip erfolgen, das seinerseits im Akt ist.

52-Das abstrakte Konzept stellt nicht das primäre Objekt des Erkenntnisaktes dar, sondern dessen Mittel. Wäre das Konzept selbst das primäre Objekt der Erkenntnis, dann wäre unser Wissen ein Wissen über Ideen, nicht über extramentale Seienden. In jedem Fall kann gesagt werden, dass es das sekundäre Objekt des Erkenntnisaktes ist.

53-Die Seele hat keine angeborenen Ideen. Was Ideen im Akt betrifft, so ist die Seele ursprünglich eine *tabula rasa* (unbeschriebene Tafel).

54-Die körperlichen Substanzen wirken auf die Sinnesorgane ein. Die resultierende Empfindung ist ein Akt des zusammengesetzten Wesens von Seele und Körper. Sie ist weder Produkt des Körpers allein noch der Seele allein.

55-Die Sinne können nur einzelne Seienden erfassen, sie können keine Universalien erfassen. Auch die Tiere haben Empfindungen wie der Mensch. Aber sie erfassen nur das Einzelne. Sie sind unfähig, Universalien zu erfassen, da ihnen der Verstand fehlt.

Die Sinne nehmen wahr. Es bildet sich das *phantasma* in der Vorstellungskraft. Der Verstand ist unfähig, die körperlichen Substanzen oder das *phantasma* zu erfassen, das als solches ein Einzelnes ist. Er ist unfähig, das Einzelne der Seienden zu erfassen. Ihm fehlen angeborene Ideen.

Die Seele erkennt sich selbst nur durch ihre Akte. Und sie erfasst sich selbst nicht direkt in ihrem Wesen, sondern im Akt, durch den sie die intelligiblen Spezies von den sinnlichen Objekten abstrahiert. Das Wissen der Seele über sich selbst beginnt also auch mit der sinnlichen Wahrnehmung und hängt von der sinnlichen Wahrnehmung ab. Daher das Prinzip: *Nihil in intellectu quod prius non fuerit in sensu* (Nichts ist im Verstand, was nicht zuvor in den Sinnen gewesen ist).

Folglich kann die menschliche Seele im gegenwärtigen Zustand kein **direktes Wissen** über immaterielle oder körperlose Substanzen erlangen, da diese nicht Gegenstand der Sinne sein können.

56-Wie erkennt die Seele die immateriellen Substanzen? Sie kann sie nicht von sich aus erfassen. Dies wird von den Sinnen abhängen, durch die Daten, die sie von den materiellen Substanzen erhält, und nach vorheriger *conversio ad phantasma* (Umwandlung zum Bild) durch die Beziehung der materiellen Substanzen zu den immateriellen. So erhält sie ein analoges und unvollkommenes Wissen von Gott und den Engeln, durch die Wege der Negation *(via negationis)* und Entfernung *(via remotionis)*.

57-Solange die Seele mit dem Körper verbunden bleibt, kann sie sich nur soweit zum Wissen über die getrennten Substanzen erheben, wie sie durch die aus den Bildern empfangenen Spezies geleitet werden kann. Dies geschieht jedoch nicht so, dass sie durch diese Spezies weiß, was die getrennten Substanzen sind, da jene Substanzen jede Proportion dieser Intelligiblen übersteigen, sondern auf diese Weise (durch die intelligiblen Spezies) können wir in gewisser Weise über die getrennten Substanzen wissen, was sie sind. Das heißt: Durch die intelligiblen Spezies erkennen wir, dass die getrennten Substanzen das sind, was sie sind: getrennte Substanzen. Aber wir wissen nicht, was ihre Essenz ist: Wir wissen mehr darüber, was sie nicht sind, als darüber, was sie sind.

58-Die menschliche Seele kennt die getrennten Substanzen nicht natürlich mit der Vollkommenheit, mit der diese sich untereinander kennen, da die Seele die geringste der getrennten Substanzen ist.[73]

59-Der *intellectus agens* macht das *phantasma* durch Abstraktion intelligibel in Akt. In seiner Arbeit geht er weit über das bloße sinnliche Wissen hinaus. Daher ist der Akt des sinnlichen Wissens nicht die vollständige Ursache des Akts des intellektuellen Wissens.

60-Jedes Seiende hat das Sein gemäß seiner eigenen Form. Das Sein kann auf keinen Fall von der Form getrennt werden. Die Dinge, die aus Materie und Form zusammengesetzt sind, verderben, weil sie die Form verlieren, durch die sie das Sein haben. Die Form kann sich nicht wesentlich *(per se)* verderben, sondern nur akzidentell *(per accidens)*. Sie verdirbt akzidentell, wenn das Zusammengesetzte verdirbt, insofern ihm das Sein des Zusammengesetzten fehlt, das durch die Form existiert. Dies geschieht nicht, wenn die Form das ist, was das Sein in sich selbst hat *(habens esse)*, sondern wenn sie das ist, wodurch das Zusammengesetzte das Sein hat. Dies ist der Fall bei der menschlichen Seele.[74]

Die getrennte Seele

61-Was Aristoteles in dem Sinne sagt, dass es keine Intellektion ohne Bilder gibt, ist auf den Zustand der Seele im gegenwärtigen Leben zu verstehen, in dem der Mensch durch die Sinne des Körpers und durch die Abstraktion des *intellectus agens* versteht. Aber die Intellektion der Seele, wenn sie getrennt ist, wird anders sein.[75]

62-Die getrennten Seelen erkennen auf natürliche Weise alle natürlichen Dinge im Allgemeinen, aber sie erkennen jede Sache nicht einzeln.[76]

Die getrennten Seelen werden auch das genaue Wissen über die Dinge haben, die sie im Leben erkannt haben, deren intelligible Spezies in ihnen bewahrt werden.[77]

63-Im Zustand der Trennung wird die Seele durch ihren *intellectus possibilis* die von den höheren Substanzen kommenden Spezies empfangen. Und durch den *intellectus agens* wird sie die Fähigkeit haben zu verstehen.[78]

64-Sie können durch die in diesem Leben erworbenen Spezies, während ihrer Verbindung mit dem Körper, und auch durch die eingeflößten Spezies verstehen oder erkennen.[79]

65-Die getrennte Seele erkennt die getrennte Substanz nicht durch deren Wesen. Sie erkennt sie durch die Spezies und Ähnlichkeit, die sie teilen.[80]

66-Keine getrennte Substanz kann durch ihre natürlichen Kräfte das göttliche Wesen erkennen. Ebenso wie die getrennten Substanzen ein anderes Sein haben als die materiellen Substanzen, so hat auch Gott ein anderes Sein als die getrennten Substanzen.[81]

67-Die getrennte Seele erkennt die getrennten Substanzen unvollkommen.

68-Die Potenzen verbleiben in der getrennten Seele wie in ihrer Wurzel. Dies bedeutet, dass die Seele solche Kraft oder Macht hat, dass sie, wenn sie sich wieder mit dem Körper verbinden würde, solche Potenzen im Körper zusammen mit dem Leben hervorrufen könnte. Dass sie in ihrer Wurzel verbleiben, bedeutet nicht, dass sie im Akt existieren.[82]

69-Die Substanz der empfindenden Seele verbleibt im Menschen nach dem Tod, nicht jedoch die sensitiven Potenzen.[83]

70-Die getrennte Seele erinnert sich durch das Gedächtnis, das im intellektuellen Teil liegt, nicht durch das, das im sensitiven Teil liegt.[84]

71-Die sensitiven Potenzen schwächen sich nicht wesentlich, wenn ihre Organe geschwächt werden, sondern nur akzidentell. Ebenso werden sie nur akzidentell zerstört, wenn der Körper verfällt und seine Organe zerstört werden.[85]

72-Die menschliche Seele erkennt sich selbst auf eine Weise, wenn sie getrennt ist, und auf eine andere Weise, wenn sie mit dem Körper verbunden ist.[86]

ZUM ABSCHLUSS

1- Was versteht man unter diesem Satz: *Die Seele ist der Ursprung der lebenswichtigen Operationen*?

Man versteht, dass durch die Seele das Seiende körperlich als körperliches Seiende mit Leben handelt. Dass es ein Lebewesen ist. Leben, für die Lebewesen, ist Sein. Daher ist die Seele das, wodurch der menschliche Körper das Sein im Akt hat. Das heißt, die Seele ist die Form des Körpers. Es gibt keine *forma corporeitatis* im Menschen, noch gibt es vegetative oder sensitive substanzielle Formen. Schließlich ist die Seele auch die Form der Verbindung von Seele und Körper (Mensch).

2- Entspricht es, von lebenswichtigen Operationen des Körpers nur aufgrund der Tatsache zu sprechen, dass er ein Körper ist?

Nein, es entspricht nicht. Ein Körper kann lebenswichtige Operationen ausführen oder nicht. Ein Pferd kann sie ausführen. Ein Stein kann sie nicht ausführen. Im Sein des Körpers liegt nicht der Ursprung der lebenswichtigen Operationen.

3- Was ist der Ursprung der lebenswichtigen Operationen des Körpers?

Die Seele ist der Ursprung der lebenswichtigen Operationen des Körpers. Die Seele setzt den Körper in Akt, um zu operieren. Sie macht ihn lebendig. Die vegetative Seele ist der Ursprung der Operationen der Pflanzen. Die sensitive Seele ist der Ursprung der Operationen der Tiere. Die rationale Seele ist der Ursprung der intellektuellen Operationen des Menschen.

4- Ist die Seele Körper?

Nein. Aus all dem Gesagten ergibt sich, dass die Seele kein Körper ist, sondern Akt eines organischen Körpers. Sie besitzt nicht von sich aus ihre vollständige Art, sondern greift in die Verbindung (menschliches Seiende: Seele und Körper) als Ergänzung der Art ein. Obwohl die Seele für sich selbst existieren kann, hat sie dennoch nicht die Art von sich aus, sondern ist Teil der menschlichen Art.

5-Welche Gründe bringen diejenigen vor, die behaupten, die Seele sei Körper, und was antwortete Sankt Thomas ihnen?
In der *Summa Theologica* I, q.75 a.1 erscheinen drei Gründe und ihre Antworten: 1-Die Seele, als Beweger des Körpers, ist ein von einem anderen bewegter Beweger. Aber da jeder bewegte Beweger ein Körper ist, dann ist die Seele ein Körper. Darauf antwortet Sankt Thomas: Es gibt einen Ersten unbewegten Beweger, der sich weder substantiell noch akzidentiell bewegt. Da die Alten nur an die Existenz von Körpern glaubten, behaupteten sie, die Seele sei Körper und bewege sich als solcher substantiell. 2-Jede Erkenntnis erfolgt durch eine gewisse Ähnlichkeit. Wenn die Seele kein Körper wäre, könnte sie das Körperliche nicht erkennen. Darauf antwortet Sankt Thomas: Die Alten kannten den Unterschied zwischen Akt und Potenz nicht. Das führte sie dazu, ihre Prinzipien falsch zu formulieren. Obwohl die Erkenntnis durch eine gewisse Ähnlichkeit erfolgt, ist es nicht notwendig, dass diese Ähnlichkeit des Erkannten im Akt in der Natur des Erkennenden ist. Es reicht, dass sie in Potenz ist. 3-Es muss einen Kontakt zwischen dem Beweger und dem Bewegtsein geben. Es gibt nur Kontakt zwischen Körpern. Da die Seele den Körper bewegt, ist die Seele ein Körper. Darauf antwortet Sankt Thomas: Der Kontakt kann sowohl physisch als auch geistig sein. Der physische Kontakt tritt auf, wenn ein Körper einen anderen berührt. Der geistige Kontakt ermöglicht, dass ein Körper von etwas Unkörperlichem berührt wird, das den Körper antreibt.

6-Welche anderen Gründe bietet Sankt Thomas an?
In der *Summa contra Gentiles* Buch II, Kapitel 65, vertieft Sankt Thomas das Prinzip, dass die Seele kein Körper ist, und bietet weitere Gründe in diesem Sinne an. Wir werden nur zwei erwähnen: 1-Das Lebewesen besteht aus Materie und Form oder aus Körper und Seele. Eines davon wird Materie und das andere Form sein. Nun, der Körper kann nicht die Form sein, weil er nicht in einem anderen ist, als ob er von diesem seine Materie erhielte. Daher ist die Seele die Form. Dann ist die Seele kein Körper, weil kein Körper Form ist. 2-Es ist unmöglich, dass zwei Körper gleichzeitig denselben Raum einnehmen. Andererseits ist die

Seele nicht vom Körper getrennt, solange sie lebt. Sie enthält den Körper und wir können sagen, dass sie gleichzeitig denselben Raum einnimmt wie er. Dann ist die Seele kein Körper.

7-Ist die menschliche Seele Substanz?
Ja, die menschliche Seele ist Substanz.

8-Warum?
Die menschliche Seele unterscheidet sich von den vegetativen und sensitiven Seelen dadurch, dass sie ihre spezifische Operation (Intellektion) ohne die Notwendigkeit eines körperlichen Organs ausführt. Sie wirkt aus sich heraus. Und nichts wirkt aus sich heraus, wenn es nicht subsistent ist. Denn es wirkt nur das Sein im Akt. So sagen wir nicht, dass die Wärme wärmt, sondern das Warme. Daher ist die Seele Substanz und kein Akzidens des Körpers.

9-Ist die Seele des irrationalen Tieres Substanz?
Nein, sie ist keine Substanz.

10-Warum?
Weil die Seele des Tieres vegetative und sensitive Operationen ausführt, die Körperbewegungen implizieren. Das heißt, dass ihre Operationen nicht eigenständig sind, sondern mit dem Körper verbunden sind. Sie wirkt niemals aus sich heraus, sondern ist mit dem Körper verbunden. Da das Wirken dem Sein folgt, schließen wir, dass die Seele des Tieres keine Substanz ist. Sie ist ein Akzidens des Körpers.

11-Ist die menschliche Seele der Mensch?
Nein, die menschliche Seele ist nicht der Mensch, sondern eines seiner Bestandteile. Die menschliche Natur ist Seele und Körper, Materie und Form. Dies ist das Wesen des Menschen und das Wesen dieses konkreten Menschen. Abschließend: Die Formel, die besagt: die Seele ist der Mensch, ist nicht gültig.

12-Ist die menschliche Seele eine Verbindung von Materie und Form?

Nein. Dies wird bewiesen, indem gezeigt wird, dass die Seele keine Materie hat.

13-Wie wird bewiesen, dass die Seele keine Materie hat?

Dass die Seele keine Materie hat, kann auf zwei Arten bewiesen werden.

14-Wie wird es auf die erste Weise bewiesen?

Es wird durch Reflexion aus dem Konzept der Seele im Allgemeinen bewiesen. Die Seele ist Form eines Körpers. Und das ist sie in ihrer Gesamtheit oder in Teilen. Zu wissen: a-<u>Wenn sie es in ihrer Gesamtheit wäre</u>, würden wir in der Seele – als Verbindung von Materie und Form – den Teil unterscheiden, der im Akt Form ist (weil die Form immer Akt ist), und den anderen Teil, der Materie hat, in Potenz (weil Materie immer Potenz ist). Aber das ist unmöglich, da Akt und Potenz sich widersprechen. b-<u>Wenn die Seele nur teilweise Materie wäre</u>. Dann müssten wir die Form als Seele und die Materie als „erstes Belebtes" bezeichnen.

15-Wie wird es auf die zweite Weise bewiesen?

Diese zweite Weise beweist, dass die Seele nur Form ist, aus dem Konzept der menschlichen Seele insofern sie intellektuell ist. Es ist offensichtlich, dass alles, was sich in etwas enthält, gemäß der Seinsweise des Enthaltenden enthalten ist. Die Seele erkennt nach ihrer eigenen *essentia*. Sie erkennt anhand intelligibler Spezies. Wenn diese Materie und Form wären (weil die intellektive Seele Materie und Form ist), dann könnten sie nur die einzelnen Seienden erfassen, die aus Materie und Form bestehen. Die Spezies könnten die reinen Formen oder Essenzen nicht erkennen, weil die Materiezusammensetzung sie daran hindern würde. Erinnern wir uns, dass die Seienden uns gemäß den Formen (Spezies), die sich in uns befinden, bekannt sind. Wir würden wie die Tiere erkennen, unfähig, die Essenz der Seienden zu durchdringen.

16-Welchen anderen Grund nennt Sankt Thomas, um zu sagen, dass die Seele nicht aus Materie und Form besteht?

Das andere Argument, das er anführt, ist folgendes: Die menschliche Seele, ebenso wie die Engel, erkennt die Formen absolut. Daher fehlt ihr die Zusammensetzung von Materie und Form.

17-Wie wird ein Körper verdorben?
Er wird auf zwei Arten verdorben: substantiell oder akzidentiell.

18-Wie verdirbt die Substanz?
Die Substanz verdirbt wesentlich. Sie kann nicht akzidentell verderben, das heißt, durch die Erzeugung oder den Verfall einer anderen Sache. Denn jedes Seiende wird gemäß seiner eigenen Art des Seins erzeugt oder verdirbt.

19-Wie verdirbt sich die Seele der Pflanzen und wie die der Tiere?
Sie verdirbt, wenn sich der Körper des betreffenden Seienden verdirbt.

20-Wie verdirbt sich die menschliche Seele?
Die menschliche Seele verdirbt nicht, auch wenn sich der Körper, dessen Form sie ist, verdorben hat. Die menschliche Seele ist keine Folge des Körpers, sondern eine wesentliche Form.

21-Welche Gründe gibt es zu sagen, dass die menschliche Seele unvergänglich ist?
In der *Summa Theologica* bietet Thomas von Aquin drei Gründe an: 1-Weil die menschliche Seele eine wesentliche Form ist. Was jemandem wesentlich entspricht, ist ihm untrennbar. Das Sein entspricht wesentlich der Form. 2-Weil es keine Korruption gibt, außer dort, wo es Gegensätze gibt, da Generationen und Korruptionen aus Gegensätzen entstehen und in Gegensätzen stattfinden. Im Geist können gegensätzliche Gedanken ohne Generationen oder Korruptionen koexistieren. 3-Weil jedes Seiende von Natur aus auf seine Weise sein (*esse*=existieren) möchte. Alles, was von Natur aus Verstand hat, wünscht sich immer zu existieren. Ein Wunsch der Natur kann kein leerer Wunsch sein.

22-Bietet Sankt Thomas andere Argumente zur Unvergänglichkeit der Seele an?

Ja, in der *Summa contra Gentiles* Buch II, Kapitel 79, bietet er weitere Argumente an, um zu zeigen, dass die Seele nicht mit dem Körper verfällt.

23-Welche sind diese Argumente?

Wir werden drei erwähnen: 1-Das Verstehen ist der menschlichen Kreatur eigen. Es bezieht sich auf das Universelle und Unvergängliche als solches, und die Vollkommenheiten müssen ihren Perfektiblen entsprechen. Daher ist die menschliche Seele unvergänglich. 2-Die intelligiblen Formen unseres Verstandes sind dauerhafter als die sinnlichen Formen unserer körperlichen Organe. Das erste Gefäß der sinnlichen Formen ist die Urmaterie, die unvergänglich ist. Das Gefäß der intelligiblen Formen ist der *intellectus possibilis*. Wenn das erste unvergänglich ist, dann ist der zweite umso mehr. 3-Aristoteles sagt: *Der, der macht, ist edler als das Gemachte, das heißt, er ist vollkommener*. Nun, der *intellectus agens* macht die intelligiblen in Akt aus den *phantasmata*. Wenn also die intelligiblen in Akt, als solche, unvergänglich sind (das Gemachte ist unvergänglich), dann wird der *intellectus agens* umso mehr unvergänglich sein (der, der sie macht). So ist die menschliche Seele, deren Licht der *intellectus agens* ist, unvergänglich.

24-Wird die Seele dem Menschen durch Samenübertragung vermittelt?

Nein, die Seele wird dem Menschen nicht durch Samenübertragung vermittelt.

25-Was sind die Grundlagen dieser Aussage?

In der *Summa contra Gentiles* Buch II, Kapitel 86, bietet Sankt Thomas mehrere Argumente an. Wir werden zwei erwähnen: 1-Jede Form, die das Sein durch Verwandlung der Materie erhält, ist eine Form, die durch die Tugend der Materie selbst hervorgebracht wird. Materie zu verwandeln bedeutet, sie von der Potenz in den Akt zu versetzen. Aber die intellektuelle Seele kann nicht durch materielle Potenz hervorgebracht werden. Die Seele übersteigt die Macht der Materie, da ihre

Hauptoperation, die Intellektion, kein körperliches Organ benötigt. Folglich, da sie nicht durch materielle Verwandlung hervorgebracht wird, erhält sie das Sein auch nicht durch die aktive Kraft, die im Samen existiert. 2-Keine Potenz wirkt über ihre eigene Gattung hinaus. Die intellektuelle Seele übersteigt jede Gattung der Körper, da ihre Operation, die Intellektion, in keiner Weise mit dem Körper verbunden ist. Folglich kann keine körperliche Potenz die intellective Seele hervorbringen. Der Körper kann die Seele nicht hervorbringen. Es ist zu beachten, dass die aktive Kraft des Samens vom Körper stammt. Daher kann die intellektuelle Seele das Sein nicht durch die aktive Samenübertragung empfangen.

26-Was ist der Ursprung der Seele laut Sankt Thomas?
Laut Sankt Thomas entsteht die Seele durch Schöpfung. Sie empfängt ihr Sein direkt von Gott.

27-Wie ist die Seele mit dem Körper verbunden?
Die Seele ist mit dem Körper als Form und nicht als Beweger verbunden. Daher ist es unmöglich, dass in einem Körper viele im Wesentlichen verschiedene Seelen existieren: eine vegetative Seele, eine sensitive Seele und eine intellektuelle Seele. Die Seele ist eine einzige. Die intellektuelle menschliche Seele enthält potenziell alles, was in der sensitiven Seele der irrationalen Tiere und in der vegetativen Seele der Pflanzen vorhanden ist. Die vegetative Seele, die sensitive Seele und die intellektuelle Seele im Menschen sind die gleiche und einzige Seele. Sie sind im Wesentlichen die gleiche intellektuelle oder rationale Seele.

28-Ist es angebracht, dass die Seele sich mit dem entsprechenden Körper verbindet?
Ja, es ist angebracht.

29-Warum ist es angebracht?
Weil die Seele viele vegetative und sensitive Operationen ausführt, die geeignete körperliche Organe benötigen, um sich zu verwirklichen.

30-Wie ist die menschliche Seele mit dem Körper verbunden?

Die Seele ist als substanzielle Form mit dem Körper verbunden. Daher können im Körper keine Akzidenzen irgendeiner Art vor ihrer Verbindung mit der Seele existieren. Auch kein anderes Seiende, das diese Verbindung erklärt. Im Gegenteil, diese Verbindung erfolgt direkt und unmittelbar.

31-Wo befindet sich die Seele?
Da sie die substanzielle Form des Körpers ist, muss sie sich im ganzen Körper und in jedem seiner Teile befinden. Die substantielle Form ist die Vollendung des ganzen Seienden und jedes seiner Teile. Sie verleiht ihm das vollständige Sein (*esse*=existieren) und setzt es in Akt. Sie ist keine einfache Form der Zusammensetzung und Ordnung wie beispielsweise die Form eines Hauses.

32-Ist das Wesen der Seele ihre Potenz?
Nein, das Wesen der Seele ist nicht ihre Potenz.

33-Warum?
Die Urmaterie ist in Potenz zu ihrer Form. Das ist ihre substanzielle Form. Daher ist die Potenz der Materie ihr Wesen. Aber die Seele ist Form, und als solche ist sie nicht in Potenz, sondern sie ist im Wesentlichen im Akt. Als Form ist sie nicht ein Akt, der auf einen weiteren Akt hin geordnet ist. Im Gegenteil, sie ist der letzte Begriff der Erzeugung. Daher ist das Wesen der Seele nicht ihre Potenz, denn nichts ist in Potenz zu einem Akt, insofern es ein Akt ist. Und da die Potenz der Ursprung der Operationen des Seienden ist, sind die Fähigkeiten oder Potenzen oder Operationen der Seele auch nicht ihr Wesen. Dies ist nur in Gott zu beobachten, dessen Wesen seine Operationen sind.

34-Erschöpft die menschliche Seele in einer einzigen Operation ihre gesamte Potenzialität?
Nein, keineswegs. Die menschliche Seele führt viele Operationen aus.

35-Wie begründet Sankt Thomas diese Behauptung?
Er bietet zwei Begründungen an: a-In der Rangfolge der intellektuellen Substanzen gilt: Je höher die Vollkommenheit, desto weniger Operationen

muss die betreffende Substanz ausführen. So führt die menschliche Seele viele Operationen im Vergleich zu einem Engel aus, der viel weniger ausführt, und im Vergleich zu Gott, der keine Operationen außerhalb seines Wesens hat. b-Die menschliche Seele steht an der Grenze zwischen den geistigen Kreaturen und den körperlichen Kreaturen. Daher vereint sie sowohl die Potenzen der ersteren als auch der letzteren.

36-Unterscheiden sich die Potenzen der Seele voneinander?
Ja, sie unterscheiden sich.

37-Warum?
Nur das, worauf die Potenz von Natur aus geordnet ist, bildet eine Differenz in den Potenzen der Seele. Die Vielfalt der Natur in den Potenzen wird aufgrund der Vielfalt der Akte bestimmt, die wiederum aufgrund der Vielfalt der Objekte bestimmt wird. Der Akt des Sehens bestimmt die visuelle Potenz, der Akt des Hörens die auditive Potenz, der Akt des Fühlens die sensitive Potenz usw. Der Akt des Sehens ist nicht dasselbe wie der des Hörens oder Fühlens, zum Beispiel. Jeder von ihnen hat verschiedene Objekte.

38-Gibt es eine Ordnung in den Potenzen der Seele?
Ja, es gibt eine Ordnung.

39-Warum?
Aufgrund der Natur der Seele selbst und ihrer Operationen. Sie ist in der Lage, verschiedene Akte auszuführen, die eine bestimmte Ordnung erfordern. Die Seele ist eine einzige und ihre Operationen sind vielfältig. Und von einem zum Vielfältigen gelangt man mit einer bestimmten Ordnung.

40-Wie ist die Ordnung, die zwischen den Potenzen der Seele existiert?
Die Ordnung, die zwischen den Potenzen der Seele existiert, ist dreifach: a-<u>Gemäß der Ordnung der Natur</u>: Die vollkommenen Dinge sind von Natur aus den unvollkommenen vorhergehend. b-<u>Gemäß der Ordnung der</u>

Generation und der Zeit, insofern man vom Unvollkommenen zum Vollkommenen gelangt. c-<u>Gemäß der Beziehung</u>, die die Potenzen zueinander haben.

41-Wie wird jede Ordnung erklärt?
a-<u>Gemäß der ersten Ordnung der Potenzen</u>. Die intellektuellen Potenzen sind den sensitiven vorhergehend, deshalb regieren und leiten sie diese; und die sensitiven sind den nutritiven vorhergehend. b-<u>Gemäß der zweiten Ordnung der Potenzen</u>. Es geschieht genau das Gegenteil des Beschriebenen. Im Prozess der Generation gehen die Potenzen der nutritiven Seele den Potenzen der sensitiven Seele voraus, da diese den Körper für die Handlungen der ersteren vorbereiten. Dasselbe gilt für die sensitiven Potenzen in Bezug auf die intellektuellen. c-<u>Gemäß der dritten Art von Ordnung</u>. Einige Potenzen stehen in Beziehung zueinander. So verhält es sich mit dem Sehen, Hören und Riechen. Denn von Natur aus ist das erste das Sehen, weil es sowohl für die höheren als auch die unteren Körper gemeinsam ist. Der Schall ist in der Luft wahrnehmbar und von Natur aus der Kombination von Elementen vorausgehend, aus der sich der Geruch ableitet.

42-Sind alle Potenzen der Seele wie in ihrem Subjekt?
Nein, sie sind es nicht.

43-Wie wird diese Behauptung erklärt?
Subjekt einer Potenz ist das Seiende, das die Fähigkeit zu handeln hat, das heißt, die Potenz operativ zu entfalten. In diesem Sinne unterscheiden wir zwei Arten von Operationen: a-Diejenigen, die ohne Intervention des körperlichen Organs ausgeführt werden. Zum Beispiel: Verstehen und Wollen. Die Potenzen, die Prinzip dieser Operationen sind, befinden sich in der Seele wie in ihrem eigenen Subjekt. b-Diejenigen, die mit notwendiger Intervention des körperlichen Organs ausgeführt werden. Zum Beispiel: Sehen, Verdauen usw. Es sind die nutritiven und sensitiven Operationen. Diese befinden sich im Zusammenspiel von Körper und Seele wie in ihrem eigenen Subjekt und nicht nur in der Seele, wie es bei den intellektuellen Potenzen der Fall ist.

44-Woher stammen die Potenzen der Seele?
Alle Potenzen der Seele stammen von der Essenz der Seele als ihrem Prinzip. Dies ist bei den intellektuellen Potenzen offensichtlich. Und bei den vegetativen und sensitiven Potenzen der Seele, wenn man bedenkt, dass, obwohl sie aus der Verbindung von Seele und Körper stammen, dieses Zusammenspiel durch die Seele, die Form ist, im Akt ist. Und die Form ist immer Akt.

45-Auf welche Weise stammen die Potenzen aus der Essenz der Seele?
Das Prinzip ist, dass eine Potenz der Seele aus der Essenz der Seele durch eine andere Potenz hervorgeht.

46-Warum?
In den Dingen, die nach einer natürlichen Ordnung aus einem einzigen hervorgehen, geschieht es, dass, ebenso wie das erste die Ursache aller anderen ist, auch das, was dem ersten am nächsten ist, auf irgendeine Weise die erste Ursache des entferntesten ist.

47-Verbleiben die Potenzen in der Seele, wenn der Körper verdorben wird?
Man muss unterscheiden. Die Potenzen der Seele, die sich auf sie als ihr Subjekt beziehen, z.B. Verstand und Wille, verbleiben in der Seele, wenn der Körper zerstört wird. Hingegen können die übrigen Potenzen, die als Subjekt die Verbindung von Seele und Körper haben, nicht im Akt verbleiben, wenn der Körper verdorben wird. Sie verbleiben in der Seele nur potenziell, als ihr Prinzip oder ihre Wurzel.

48-Wie werden die Potenzen der Seele klassifiziert?
Alle Potenzen der Seele sind passiv oder aktiv. Passiv, wenn ihr Objekt die Ursache der Bewegung des Akts der Potenz ist. Aktiv, wenn ihr Objekt die Endursache der Potenz ist. Dies ist das leitende Kriterium.

49-Welche anderen Klassifizierungskriterien gibt es?

Es gibt folgende: **a-Nach dem Verhältnis der Seele zum Körper** haben wir folgende Klassifizierung: -*Rationale Seele*. Ihre Operationen werden ohne die Notwendigkeit eines körperlichen Organs ausgeführt. -*Sensitive Seele*. Ihre Operationen werden mit Hilfe eines körperlichen Organs ausgeführt, aber nicht aufgrund einer körperlichen Eigenschaft. -*Vegetative Seele*. Ihre Operationen werden mittels eines körperlichen Organs und kraft einer körperlichen Eigenschaft ausgeführt. b-**Nach dem Verhältnis der Seelenpotenzen zu ihren Gegenständen**: -*Vegetative Gattung*. Potenzen, deren einziger Gegenstand der Körper ist, der mit der Seele verbunden ist. *Sensitive Gattung*. Potenzen, die den ganzen sinnlichen Körper zum Gegenstand haben und nicht nur den Körper, der mit der Seele verbunden ist. *Intellektuelle Gattung*. Potenzen, die ausnahmslos alle Wesenheiten zum Gegenstand haben, körperliche und nichtkörperliche. c-**Wie die Potenz auf das gerichtet ist, was sich außerhalb der Körper-Seele-Verbindung befindet**. Nach der obigen Einteilung gibt es zwei Potenzen, die der sensitiven Gattung und die der intellektuellen Gattung, die in der Lage sind, sich außerhalb der Verbindung zu orientieren. Das heißt, ihr Operationsobjekt kann entweder der sinnliche Körper oder jede andere äußere sinnliche körperliche Seiende sein. Dies ermöglicht eine weitere Klassifikation nach der Art und Weise, wie die äußere Realität, die das Objekt der Seelenoperation ist, auf sie bezogen wird: -*Insofern sie fähig ist, sich mit der Seele zu vereinen und durch ihre Ähnlichkeit in ihr zu sein*. In diesem Fall unterscheiden wir zwei Arten von Potenzen: *Sensitiv*. Bezogen auf den weniger gewöhnlichen Gegenstand, d. h. den sinnlichen Körper. *Intellektuell*. Bezogen auf das allgemeinste Objekt, d.h. das Universelle, -*Insofern die Seele selbst zu dem äußeren Objekt tendiert*. So entstehen zwei neue Arten: *Appetitiv*. Die Seele strebt nach dem äußeren Gegenstand als ihrem Ziel; dies ist die erste in der Reihenfolge der Absichten. *Lokomotorisch*. Die Seele strebt nach einem äußeren Gegenstand als Ziel ihrer Operationen und Bewegungen, denn jedes Tier bewegt sich, um das zu erreichen, was es beabsichtigt und begehrt.

50-Welche Art von Seele hat jedes belebte Seiende?

In einer Pflanze ist nur die vegetative Seele oder das vegetative Prinzip vorhanden, das Leben und die Fähigkeiten des Wachstums und der Fortpflanzung verleiht; im irrationalen Tier ist nur die sensitive Seele vorhanden, die als Prinzip nicht nur des vegetativen Lebens, sondern auch des sensitiven Lebens fungiert; im Menschen ist nur die rationale Seele vorhanden, die nicht nur das Prinzip der ihr eigenen Operationen ist, sondern auch der vegetativen und sensitiven Funktionen.

51-Was sind die Potenzen der vegetativen Seele?
Diese Potenzen werden üblicherweise natürliche Potenzen genannt und sind drei: generativ, vermehrend oder entwickelnd und nährend. Durch die generative Potenz erhält der Körper das Sein. Durch die vermehrende Potenz erhält der lebende Körper seine gebührende Entwicklung. Durch die nährende Potenz wird der lebende Körper in seinem Sein und seiner Proportion erhalten.

52-Was ist der Sinn?
Der Sinn ist eine bestimmte passive Potenz, die von Natur aus der Veränderung durch äußere sinnliche Objekte unterliegt. Hier finden wir die fünf klassischen Sinne.

53-Was sind die inneren Potenzen der sensitiven Seele?
Es gibt vier: den Gemeinsinn *(sensus communis)*, die Vorstellungskraft *(phantasia)*, das Schätzungsvermögen *(vis aestimativa)* und das Gedächtnis *(vis memorativa)*.

54-Wie operiert die sensitive Seele?
Da die sensitive Potenz Akt eines körperlichen Organs ist, unterscheidet sich die Potenz, die empfängt, von der Potenz, die das Erfasste bewahrt. Daher hat man zum Empfangen der sinnlichen Formen den eigenen Sinn (das heißt, die fünf Sinne) und den Gemeinsinn *(sensus communis)*. Zum Bewahren und Behalten des Empfangenen hat man die Vorstellungskraft *(phantasia)*. Zum Wahrnehmen der Intentionen, die nicht durch die Sinne empfangen werden, hat man das Schätzungsvermögen *(vis aestimativa)*. Zum Bewahren hat man das Gedächtnis *(vis memorativa)*.

55-Ist das Verständnis eine aktive oder passive Potenz?
Das Verständnis ist eine passive Potenz.

56-Warum?
Weil es etwas erwerben kann, ohne etwas Eigenes zu verlieren. Es ist in Potenz zu allem Intelligiblen. Es ist wie eine Tafel, auf der nichts geschrieben steht.

57-Wie operiert der *intellectus agens*?
Der *intellectus agens* ist eine Fähigkeit der intellectiven Seele, die die Dinge intelligibel im Akt macht, indem sie die Spezies von ihren materiellen Bedingungen abstrahiert. Er erzeugt die intelligiblen Spezies oder Ähnlichkeiten aus den von den Sinnen gelieferten materiellen Daten.

58-Was ist das intellective Gedächtnis?
Das intellective Gedächtnis ist die Fähigkeit, die intelligiblen Spezies der Dinge zu archivieren, die nicht im Akt wahrgenommen werden. Es ist keine andere Potenz als das Verständnis. Es erfordert kein körperliches Organ.

59-Gibt es ein sinnliches Gedächtnis?
Ja, das gibt es. Es ist dasjenige, das das Vergangene als solches behält und sich im sensitiven Teil der Seele befindet. Dies ist dasjenige, das das Besondere wahrnimmt.

60-Ist die Vernunft verschieden vom Verständnis?
Nein, sie ist nicht verschieden.

61-Wie wird diese Aussage gerechtfertigt?
Verstehen besteht in der einfachen Erfassung der intelligiblen Wahrheit. Das Vernünftige ist der Übergang von einem Konzept zum anderen, um die intelligible Wahrheit zu erkennen. Das Vernünftige im Vergleich zum Verstehen ist wie die Bewegung im Vergleich zum Ruhen oder wie der

Erwerb im Vergleich zum Besitzen. Durch eine einzige Potenz verstehen und überlegen wir.

62-Was ist die Intelligenz?
Die Intelligenz ist der Akt des Verstehens, bestehend im Verstehen. Sie unterscheidet sich vom Verständnis, wie sich der Akt von der Potenz unterscheidet.

63-Welche Arten von Verständnis gibt es?
Es gibt vier Arten: den *intellectus agens*, den *intellectus possibilis*, das habituelle und das vollendete Verständnis. Der *intellectus agens* und der *intellectus possibilis* sind verschiedene Potenzen, eine aktiv und eine passiv. Der *intellectus possibilis* sowie das habituelle und das vollendete Verständnis unterscheiden sich gemäß ihren Zuständen. Streng genommen sind es verschiedene Zustände des eigentlichen *intellectus possibilis*. Der *intellectus possibilis* ist in Potenz. Das habituelle Verständnis ist im ersten Akt und wird auch als Wissen bezeichnet. Das vollendete Verständnis ist im zweiten Akt, es ist das Denken.

64-Worin unterscheidet sich das spekulative Verständnis vom praktischen Verständnis?
Das spekulative Verständnis unterscheidet sich vom praktischen Verständnis im Ziel, das es verfolgt. Das spekulative Verständnis ordnet das Wahrgenommene der Betrachtung der Wahrheit zu. Das praktische Verständnis hingegen ordnet das Erfasste der Handlung zu. Es sind keine zwei verschiedenen Potenzen.

65-Was ist der natürliche Appetit?
Der natürliche Appetit ist die Tendenz oder Neigung eines Lebewesens gemäß seiner eigenen Natur. Es ist eine Potenz der Seele.

66-Was ist erforderlich, damit es eine Vielfalt von Potenzen gibt?
Damit es eine Vielfalt von Potenzen gibt, ist eine verschiedene Formalität im Objekt erforderlich. Es ist keine materielle Vielfalt der Objekte erforderlich. Das materielle Objekt des Sinnlichen und des

Intelligiblen ist dasselbe, aber mit verschiedener Formalität. Das Verständnis erfasst es als sinnliches oder intelligibles Seiende. Aber es wird als geeignet von den Sinnen oder als gut von der Intelligenz begehrt.

67-In welchem Sinne sagte Aristoteles und wiederholte Sankt Thomas, dass die Seele alle Dinge wird?
Aufgrund der Weite der Seele, sowohl das Körperliche als auch das Unkörperliche, das Sinnliche als auch das Intelligible zu erfassen. Daher wird die menschliche Seele in gewisser Weise alle Dinge durch den Sinn und das Verständnis.

68-Gibt es einen intellektiven und einen sensitiven Appetit?
Ja, es gibt einen intellektiven und einen sensitiven Appetit. Es sind zwei verschiedene Potenzen.

69-Wie unterscheiden sie sich?
Sie unterscheiden sich durch die Unterschiede der erfassten Objekte. Das heißt: durch die Unterschiede zwischen den eigentlichen Objekten ihrer Erfassung.

70-Was ist die Sinnlichkeit?
Die Sinnlichkeit ist der Appetit nach Dingen, die zum Körper gehören. Das heißt, es ist der sensitive Appetit.

71-Wie wird der sensitive Appetit unterteilt?
Der sensitive Appetit oder die Sinnlichkeit wird in zwei Potenzen unterteilt. Nämlich in die jähzornige und die konkupiszible Potenz.

72-Wozu neigt die Seele durch die konkupiszible Potenz?
Durch die konkupiszible Potenz neigt die Seele zu dem, was im sinnlichen Bereich passend ist, und weicht dem Schädlichen aus.

73-Wozu neigt die Seele durch die jähzornige Potenz?

Durch die jähzornige Potenz lehnt die Seele alles ab, was ihr im sinnlichen Bereich entgegensteht und ihr schadet, um das zu erreichen, was ihr passend ist.

74-Wozu sind die jähzornige und die konkupiszible Potenzen unterworfen?
Sie sind der Vernunft und dem Willen unterworfen.

75-Welche Art von Notwendigkeit ist dem Willen entgegengesetzt?
Der Wille ist der Notwendigkeit des Zwanges absolut entgegengesetzt. Dies ist diejenige, die daraus resultiert, dass jemand gezwungen wird, auf eine bestimmte Weise zu handeln oder nicht zu handeln.

76-Will der Wille alles, was er will?
Nein, der Wille will nicht alles, was er will.

77-Wie wird diese Aussage bewiesen?
Das Ziel des Willens ist das Glück, und dieses ist der Besitz Gottes. Wenn der Wille Gott durch vergängliche Güter ersetzt, irrt er sich in den Mitteln, die das Ziel beschaffen, indem er ein illusorisches Ziel begehrt.

78-Ist der Wille oder das Verständnis würdiger?
Wenn eine Sache einfacher und abstrakter ist, ist sie an sich würdiger und hervorragender. Das Objekt des Verstehens ist erhabener als das des Willens. Also ist im absoluten Sinn (das heißt, an sich betrachtet) das Verständnis würdiger als der Wille. Im relativen Sinn (das heißt, vergleichsweise) ist manchmal der Wille hervorragender als das Verständnis.

79-Sind Verständnis und Wille miteinander verbunden?
Ja, sie sind in ihrer Aktivität miteinander verbunden. Das Verständnis bewegt den Willen und dieser das Verständnis, aber beide bewegen sich auf verschiedene Weise. Das Verständnis bewegt den Willen als Ziel, weil das erkannte Gut sein Objekt ist. Der Wille hingegen bewegt das Verständnis als effiziente Ursache. In der Tat bewegt der Wille als Potenz

der Seele alle anderen Potenzen der Seele als ihre effiziente Ursache zur Ausführung ihrer jeweiligen Akte. Ausgenommen sind die vegetativen Potenzen, die dem Menschen auferlegt sind.

80-Wie unterscheiden sich das Jähzornige und das Konkupiszible im Willen?

Es entspricht nicht, das Jähzornige und das Konkupiszible im Willen zu unterscheiden, da dieser im intellektiven Teil der Seele und jene im sensitiven Teil zu finden sind. Weder die Sinne noch das sinnliche Verlangen kennen das Universale. Sie verfolgen das begehrte Gut in den besonderen Seienden. Der Wille hingegen verfolgt das Gut unter der allgemeinen Vernunft des Guten.

81-Was ist der freie Wille?

Freier Wille als Akt bedeutet, frei zu urteilen. Das Prinzip dieses Akts ist eine Potenz, die auch freier Wille genannt wird. Schließlich kann man sagen, dass es eine Fähigkeit ist. In diesem Fall bezeichnet es die Potenz, die zum Handeln bereit ist. Der freie Wille ist keine von der Willenskraft verschiedene Potenz oder Fähigkeit. Er ist der Wille, verstanden als Prinzip unserer freien Wahl der Mittel, die zum gewünschten Ziel führen. Der freie Wille impliziert die Fähigkeit des Menschen, frei über das zu urteilen, was ihm die Erfüllung seines Wunsches ermöglicht. Als solcher gehört er zum Willen und nicht zum Verstand. Das Urteil, das das Handeln bestimmt, ist von der Vernunft, aber die Freiheit des Urteils gehört zum Willen.

82-Ist der freie Wille eine intellektive oder appetitive Potenz?

Sankt Thomas, Aristoteles folgend, meint, dass der freie Wille eine appetitive Potenz ist. Denn die Wahl, die in ihrem Wesen liegt, ist ein Verlangen, das von einem Rat abhängt. Außerdem ist das Objekt der Wahl die Mittel, die zu einem Ziel führen, und das Mittel als solches ist ein Gut. Das heißt: Die Wahl ist auf das Sein als Gut und nicht auf das Sein als Wahr geordnet.

83-Wie verhalten sich Wille und freier Wille zueinander?

Wählen bedeutet, etwas zu wollen, um etwas anderes zu erreichen. Wählt derjenige, der die Mittel, die zum Ziel führen, will. Wer dies tut, handelt aus freiem Willen. Der Wille will das Ziel erreichen, das er begehrt. Das heißt, er verfolgt das Ziel, das er durch freien Willen gewählt hat. Es ist zu sagen, dass, was im Erkenntnisbereich das Prinzip in Bezug auf die Schlussfolgerung ist, zu der wir aufgrund der Prinzipien gelangen, im Willensbereich das Ziel in Bezug auf die Mittel ist, die aufgrund des Ziels gewünscht werden. Folglich gehören, wie die Akte des Verstehens und des Argumentierens zu einer einzigen Potenz, der intellektiven; so gehören auch das Wollen und das Wählen als Akte zu einer einzigen Potenz, der appetitiven.

84-Kennt die Seele die körperlichen Substanzen?
Ja, sie kennt sie. Das Verstehen ist den Sinnen überlegen. Wenn also die Sinne das Körperliche erkennen können, kann das Verstehen es umso mehr.

85-Wie ist das Unkörperliche in der menschlichen Seele?
Das Unkörperliche ist in der menschlichen Seele, wie das Empfangene in demjenigen ist, der es empfängt, und gemäß der Art der menschlichen Seele. Daher kennt die Seele die körperlichen Substanzen immateriell.

86-Wie erkennt die menschliche Seele die körperlichen Substanzen?
Die menschliche Seele erkennt die körperlichen Substanzen durch die erworbenen intelligiblen Spezies oder Ähnlichkeiten. Die Spezies sind nicht angeboren.

87-Woher kommt das intellektuelle Wissen?
Das intellektuelle Wissen stammt von den äußeren Sinnen, die das Sinnliche der Seienden erfassen. Dieser Vorgang erzeugt die Bilder *(phantasmata)*. Diese sind für sich genommen nicht ausreichend, um das *intellectus possibilis* oder aufnehmende Intellekt zu bewegen. Sie brauchen, dass der intellectus agens oder tätigen Intellekt sie verarbeitet und in Akt intelligibel macht *(conversio ad phantasmata)*. Aristoteles sagte bereits, dass die Seele nichts ohne Bilder versteht.

88-Braucht das Verstehen immer die *phantasmata*, um zu verstehen oder zu erkennen?

Ja, unser Verstehen, dessen eigener Gegenstand das Universale ist (das Erfassen des Wesens der Seienden), braucht immer die Bilder oder *phantasmata* der besonderen körperlichen Objekte, die von den Sinnen der körperlichen Organe wahrgenommen werden, um aus ihnen das Universale zu extrahieren (abstrahieren).

89-Wie steht die intelligible Spezies zu unserem Verstand?

Die intelligible Spezies ist die Darstellung der spezifischen Natur des in Akt verstandenen oder erkannten Seienden. Sie ist nicht die Darstellung seiner individuellen Merkmale. Sie ist eine universelle, nicht eine besondere Form. Sie ist das Mittel, durch das der Verstand versteht oder erkennt.

90-Wie ist unser Wissen geordnet?

Das Wissen um das Einzelne geht dem Wissen um das Universale voraus, ebenso wie das sensitive Wissen dem intellektuellen vorausgeht. Aber sowohl im sensitiven als auch im intellektuellen Wissen geht das Wissen um das Allgemeinere dem Wissen um das weniger Allgemeine voraus.

91-Können wir viele Dinge gleichzeitig kennen?

Alles, was der Verstand durch eine einzige Spezies erkennen kann, kann er gleichzeitig verstehen.

92-Kennt die menschliche Seele wie die Engel?

Nein, unsere Seele erkennt, indem sie zusammensetzt und teilt (analysiert und synthetisiert, urteilt, argumentiert). Sie haben ein unmittelbares und vollkommenes Wissen ihrer Objekte.

93-Kann sich das Verstehen irren?

Das Verstehen irrt sich nicht in Bezug auf seinen eigenen Gegenstand: das Erfassen des Wesens der Seienden. In diesem Sinne und absolut gesehen, irrt es sich nicht. Der Verstand kann sich irren über das, was das

Wesen umgibt, indem er Beziehungen herstellt oder darüber urteilt, oder indem er es diversifiziert oder darüber argumentiert, aber nicht über das Wesen selbst. Er kann sich auch irren über die Aussagen, die er aus unfehlbaren Prinzipien ableitet, wie den ersten Prinzipien. Das Festhalten an diesen garantiert nicht die Wahrheit der Schlussfolgerungen, zu denen er gelangt. Schließlich kann er sich auch zufällig über das Wesen zusammengesetzter Dinge irren. Zum Beispiel, indem er falsch definiert. In diesem Fall wendet er die Definition eines Seienden auf ein anderes an, wie wenn die des Kreises auf das Dreieck angewendet würde.

94-Was erkennt unser Verstand an materiellen Dingen?

Wir können es in vier Punkte zusammenfassen: a-Unser Verstand erkennt nicht primär und direkt das Einzelne der materiellen Dinge. Das heißt: Er erkennt die Dinge nicht als besondere Seiende. Denn sein Gegenstand ist die Intellektion, die die Spezies von der Materie abstrahiert. Das von der individuellen Materie Abstrahierte ist universell, nicht besonders. b-Unser Verstand kann das Unendliche nicht in Akt erkennen. Denn in Akt erkennt er jedes Ding durch eine einzige Spezies; und das Unendliche hat keine einzige Spezies. c-Unser Verstand erkennt das Kontingente. d-Unser Verstand kann die Zukunft nicht erkennen. Die Zukunft in ihren Ursachen kann erkannt werden. Entweder weil die Wirkungen notwendigerweise eintreten werden, wie der Astronom im Voraus das Eintreffen einer Sonnenfinsternis kennt; oder weil die Folgen entsprechend der größeren oder geringeren Neigung der Ursache zur Hervorbringung ihrer Wirkungen vermutet werden. Abgesehen davon kann er die Zukunft nicht erkennen.

95-Welches Wissen hat die menschliche Seele von den immateriellen Substanzen?

Wir verstehen, indem wir auf die Bilder zurückgreifen. Die immateriellen Substanzen fallen weder unter die Sinne noch die Einbildungskraft. Daher können wir sie nicht direkt erkennen. Ausgehend von den körperlichen Substanzen können wir zu einem gewissen Grad die immateriellen erkennen, aber nicht perfekt. Denn es gibt keine angemessene Proportion zwischen der materiellen und der immateriellen

Ordnung. Was wir von ihnen wissen, ist durch Verneinung *(via negationis)* und Entfernung *(via remotionis)* sowie durch ihre Beziehungen zu den materiellen Dingen.

96-Kennt die menschliche Seele sich selbst?

Die Seele kennt sich selbst in zweierlei Hinsicht. Erstens durch ihre bloße Anwesenheit. Das heißt: Wir wissen, dass wir eine intellektive Seele haben, weil wir wissen, dass wir verstehen und erkennen. Zweitens durch eine mühsame und sorgfältige Untersuchung.

97-Wie erkennt die getrennte Seele?

Es ist der Seele natürlich, durch die Sinne zu erkennen, was ihr ermöglicht, die intelligiblen Spezies oder Ähnlichkeiten zu entwickeln. Getrennt vom Körper, da sie ihre Organe zur Entwicklung der Spezies fehlt, erkennt sie, was sie bereits durch die im Leben erworbenen Spezies erkannt hat, und sie erkennt durch die von Gott eingeflößten Spezies. In diesem Fall, und angesichts ihres Charakters als getrennte Substanz, verhält es sich mit ihr ähnlich wie mit den Engeln, die auch Spezies vom Schöpfer empfangen, um zu erkennen. Aber das Wissen der Seelen ist, verglichen mit dem der Engel, weniger umfassend, weniger klar und verwirrender. Das liegt daran, dass ihre Position in der hierarchischen Ordnung der getrennten Substanzen die niedrigste ist. Die getrennten Seelen können durch die eingeflößten Spezies nur die Dinge erkennen, die eine Beziehung zu ihnen haben, sei es aufgrund eines früheren Wissens, durch ein Gefühl, durch eine natürliche Neigung oder durch göttliche Anordnung.

ENDNOTEN

[1] AQUINAS, ST. THOMAS. *The Summa Theologica*. Latin & English.Translated by Fathers of the English Dominican Province. Benziger Bros.Edition. 1947. I, q.75 a.2. ad.3.
https://isidore.co/aquinas/summa/index.html.

[2] AQUINAS, ST. THOMAS. *The Summa Theologica*. Latin & English.Translated by Fathers of the English Dominican Province. Benziger Bros.Edition. 1947. I, q.75 a.5. Resp. *in fine*.
https://isidore.co/aquinas/summa/index.html.

[3] AQUINAS, ST. THOMAS. *The Summa Theologica*. Latin & English.Translated by Fathers of the English Dominican Province. Benziger Bros.Edition. 1947. I, q.76 a.3 Resp. *in fine*.
https://isidore.co/aquinas/summa/index.html.

[4] AQUINAS, ST. THOMAS. *The Summa Theologica*. Latin & English.Translated by Fathers of the English Dominican Province. Benziger Bros.Edition. 1947. I, q.76 a.7 ad.3.
https://isidore.co/aquinas/summa/index.html.

[5] AQUINAS, ST. THOMAS. *The Summa Theologica*. Latin & English.Translated by Fathers of the English Dominican Province. Benziger Bros.Edition. 1947. I, q.76 a.8 Resp.
https://isidore.co/aquinas/summa/index.html.

[6] VON AQUIN THOMAS. *Summe der Theologie*. Textum Leoninum Romae 1888 editum (Edition, Lateinisch) Bibliothek der Kirchenväter. Universität Freiburg Theologische Fakultät, Patristik und Geschichte der alten Kirche © 2024 Gregor Emmenegger. I, q.76 a.8 Resp. *in fine*.
https://bkv.unifr.ch/de/works/sth/versions/summe-der-theologie.

[7] AQUINAS, ST. THOMAS. *The Summa Theologica*. Latin & English.Translated by Fathers of the English Dominican Province. Benziger Bros.Edition. 1947. I, q.77 a.2 arg.3.
https://isidore.co/aquinas/summa/index.html.

[8] AQUINAS, ST. THOMAS. *The Summa Theologica*. Latin & English.Translated by Fathers of the English Dominican Province. Benziger Bros.Edition. 1947. I, q.77 a.3 Resp.
https://isidore.co/aquinas/summa/index.html.

[9] AQUINAS, ST. THOMAS. *The Summa Theologica*. Latin & English.Translated by Fathers of the English Dominican Province. Benziger Bros.Edition. 1947. I, q.77 a.4 ad.2.
https://isidore.co/aquinas/summa/index.html.

[10] AQUINAS, ST. THOMAS. *The Summa Theologica*. Latin &

English.Translated by Fathers of the English Dominican Province. Benziger Bros.Edition. 1947. I, q.77 a.5 ad.2.
https://isidore.co/aquinas/summa/index.html.
[11]COPLESTON FREDERICK. *Historia de la Filosofía. Tomo II. De San Agustín a Escoto*. Editorial Ariel. Barcelona. 1994. Seite 304.
[12]AQUINAS, ST. THOMAS. *The Summa Theologica*. Latin & English.Translated by Fathers of the English Dominican Province. Benziger Bros.Edition. 1947. I, q.77 a.6 Resp. *in fine*
https://isidore.co/aquinas/summa/index.html.
[13]AQUINAS, ST. THOMAS. *The Summa Theologica*. Latin & English.Translated by Fathers of the English Dominican Province. Benziger Bros.Edition. 1947. I, q.77 a.8 Resp. *in fine*.
https://isidore.co/aquinas/summa/index.html.
[14]AQUINAS, ST. THOMAS. *The Summa Theologica*. Latin & English.Translated by Fathers of the English Dominican Province. Benziger Bros.Edition. 1947. I, q.77 a.3 Resp.
https://isidore.co/aquinas/summa/index.html.
[15]AQUINAS, ST. THOMAS. *The Summa Theologica*. Latin & English.Translated by Fathers of the English Dominican Province. Benziger Bros.Edition. 1947. I, q.78 a.1 Resp.
https://isidore.co/aquinas/summa/index.html.
[16]AQUINAS, ST. THOMAS. *The Summa Theologica*. Latin & English.Translated by Fathers of the English Dominican Province. Benziger Bros.Edition. 1947. I, q.78 a.1 Resp.
https://isidore.co/aquinas/summa/index.html.
[17]COPLESTON FREDERICK. *Historia de la Filosofía. Tomo II. De San Agustín a Escoto*. Editorial Ariel. Barcelona. 1994. Seite 303.
[18]AQUINAS, ST. THOMAS. *The Summa Theologica*. Latin & English.Translated by Fathers of the English Dominican Province. Benziger Bros.Edition. 1947. I, q.82 a.1 ad.3.
https://isidore.co/aquinas/summa/index.html.
[19]AQUINAS, ST. THOMAS. *The Summa Theologica*. Latin & English.Translated by Fathers of the English Dominican Province. Benziger Bros.Edition. 1947. I, q.82 a.3 Resp. *in fine*.
https://isidore.co/aquinas/summa/index.html.
[20]AQUINAS, ST. THOMAS. *The Summa Theologica*. Latin & English.Translated by Fathers of the English Dominican Province. Benziger Bros.Edition. 1947. I, q.83 a.1 Resp. *ab initio*.
https://isidore.co/aquinas/summa/index.html.
[21]AQUINAS, ST. THOMAS. *The Summa Theologica*. Latin &

English.Translated by Fathers of the English Dominican Province. Benziger Bros.Edition. 1947. I, q.84 a.7 Resp.
https://isidore.co/aquinas/summa/index.html.
[22]COPLESTON FREDERICK. *Historia de la Filosofía. Tomo II. De San Agustín a Escoto.* Editorial Ariel. Barcelona. 1994. Seiten 315-316.
[23]AQUINAS, ST. THOMAS. *The Summa Theologica.* Latin & English.Translated by Fathers of the English Dominican Province. Benziger Bros.Edition. 1947. I, q.85 a.1 ad.4.
https://isidore.co/aquinas/summa/index.html.
[24]AQUINAS, ST. THOMAS. *The Summa Theologica.* Latin & English.Translated by Fathers of the English Dominican Province. Benziger Bros.Edition. 1947. I, q.58 a.4 Resp. *ab initio.*
https://isidore.co/aquinas/summa/index.html.
[25]AQUINAS, ST. THOMAS. *The Summa Theologica.* Latin & English.Translated by Fathers of the English Dominican Province. Benziger Bros.Edition. 1947. I, q.86 a.1 ad.4.
https://isidore.co/aquinas/summa/index.html.
[26]AQUINAS, ST. THOMAS. *The Summa Theologica.* Latin & English.Translated by Fathers of the English Dominican Province. Benziger Bros.Edition. 1947. I, q.86 a.2 ad.1.
https://isidore.co/aquinas/summa/index.html.
[27]AQUINAS, ST. THOMAS. *The Summa Theologica.* Latin & English.Translated by Fathers of the English Dominican Province. Benziger Bros.Edition. 1947. I, q.88 a.1 ad.4.
https://isidore.co/aquinas/summa/index.html.
[28]AQUINAS, ST. THOMAS. *The Summa Theologica.* Latin & English.Translated by Fathers of the English Dominican Province. Benziger Bros.Edition. 1947. I, q.88 a.3 ad.2.
https://isidore.co/aquinas/summa/index.html.
[29]Vgl. DE AQUINO TOMÁS (SANTO). *Quaestiones disputatae de anima,* a.1 Resp.
[30]Vgl. DE AQUINO TOMÁS (SANTO). *Quaestiones disputatae de anima,* a.10 Resp.
[31]Vgl. DE AQUINO TOMÁS (SANTO). *Quaestiones disputatae de anima,* a.3 Resp.
[32]Vgl. DE AQUINO TOMÁS (SANTO). *Quaestiones disputatae de anima,* a.14 ad.8.
[33]Vgl. DE AQUINO TOMÁS (SANTO). *Quaestiones disputatae de anima,* a.8 ad.15.
[34]Vgl. DE AQUINO TOMÁS (SANTO). *Quaestiones disputatae de anima,*

a.8 ad.16.
[35] Vgl. DE AQUINO TOMÁS (SANTO). *Quaestiones disputatae de anima*, a.10 ad. 1.
[36] Vgl. DE AQUINO TOMÁS (SANTO). *Quaestiones disputatae de anima*, a.10 sc.2.
[37] Vgl. DE AQUINO TOMÁS (SANTO). *Quaestiones disputatae de anima*, a.10 sc.3.
[38] Vgl. DE AQUINO TOMÁS (SANTO). *Quaestiones disputatae de anima*, a.10 Resp.
[39] Vgl. DE AQUINO TOMÁS (SANTO). *Quaestiones disputatae de anima* a.9 Resp.
[40] Vgl. DE AQUINO TOMÁS (SANTO). *Quaestiones disputatae de anima* a.9 ad.16.
[41] Vgl. DE AQUINO TOMÁS (SANTO). *Quaestiones disputatae de anima*, a.1 sc.1.
[42] Vgl. DE AQUINO TOMÁS (SANTO). *Quaestiones disputatae de anima*, a.1 sc.2.
[43] Vgl. DE AQUINO TOMÁS (SANTO). *Quaestiones disputatae de anima*, a.1 Resp.
[44] Vgl. DE AQUINO TOMÁS (SANTO). *Quaestiones disputatae de anima* a.1 Resp.
[45] Vgl. DE AQUINO TOMÁS (SANTO). *Quaestiones disputatae de anima*, a.1 ad.2.
[46] Vgl. DE AQUINO TOMÁS (SANTO). *Quaestiones disputatae de anima*, a.1 ad.3.
[47] Vgl. DE AQUINO TOMÁS (SANTO). *Quaestiones disputatae de anima*, a.14 ad.21.
[48] Vgl. DE AQUINO TOMÁS (SANTO). *Quaestiones disputatae de anima*, a.1 ad.5.
[49] Vgl. DE AQUINO TOMÁS (SANTO). *Quaestiones disputatae de anima*, a.1 ad.10.
[50] Vgl. COPLESTON FREDERICK. *Historia de la Filosofía. Tomo II. De San Agustín a Escoto*. Editorial Ariel. Barcelona. 1994. Seite 303.
[51] Vgl. DE AQUINO TOMÁS (SANTO). *Quaestiones disputatae de anima*, a.11 Resp.
[52] Vgl. DE AQUINO TOMÁS (SANTO). *Quaestiones disputatae de anima*, a.19 Resp.
[53] Vgl. DE AQUINO TOMÁS (SANTO). *Quaestiones disputatae de anima*, a.12 s.c.1.
[54] Vgl. DE AQUINO TOMÁS (SANTO). *Quaestiones disputatae de anima*,

a.12 Resp.
[55]Vgl. DE AQUINO TOMÁS (SANTO). *Quaestiones disputatae de anima,* a.12 ad.10
[56]Vgl. DE AQUINO TOMÁS (SANTO). *Quaestiones disputatae de anima,* a.19 ad.15.
[57]Vgl. DE AQUINO TOMÁS (SANTO). *Quaestiones disputatae de anima,* a.13 sc.2.
[58]Vgl. DE AQUINO TOMÁS (SANTO). *Quaestiones disputatae de anima,* a.13 Resp.
[59]Vgl. DE AQUINO TOMÁS (SANTO). *Quaestiones disputatae de anima,* a.14 ad.18.
[60]Vgl. DE AQUINO TOMÁS (SANTO). *Quaestiones disputatae de anima,* a.10 ad.9
[61]Vgl. DE AQUINO TOMÁS (SANTO). *Quaestiones disputatae de anima,* a.13 ad.9.
[62]Vgl. DE AQUINO TOMÁS (SANTO). *Quaestiones disputatae de anima,* a.2 ad.19.
[63]Vgl. DE AQUINO TOMÁS (SANTO). *Quaestiones disputatae de anima,* a.3 ad.18.
[64]Vgl. DE AQUINO TOMÁS (SANTO). *Quaestiones disputatae de anima,* a.2 ad.5.
[65]Vgl. DE AQUINO TOMÁS (SANTO). *Quaestiones disputatae de anima,* a.3 ad.4.
[66]Vgl. DE AQUINO TOMÁS (SANTO). *Quaestiones disputatae de anima,* a.4 ad.9
[67]Vgl. DE AQUINO TOMÁS (SANTO). *Quaestiones disputatae de anima,* a.5 Resp.
[68]Vgl. DE AQUINO TOMÁS (SANTO). *Quaestiones disputatae de anima,* a.15 ad.17.
[69]Vgl. DE AQUINO TOMÁS (SANTO). *Quaestiones disputatae de anima,* a.4 ad.8.
[70]Vgl. DE AQUINO TOMÁS (SANTO). *Quaestiones disputatae de anima,* a.5 ad.10.
[71]Vgl. DE AQUINO TOMÁS (SANTO). *Quaestiones disputatae de anima,* a.13 ad.20.
[72]Vgl. DE AQUINO TOMÁS (SANTO). *Quaestiones disputatae de anima,* a.15 Resp.
[73]Vgl. DE AQUINO TOMÁS (SANTO). *Quaestiones disputatae de anima,* a.17 Resp.
[74]Vgl. DE AQUINO TOMÁS (SANTO). *Quaestiones disputatae de anima,*

a.14 Resp.

[75]Vgl. DE AQUINO TOMÁS (SANTO). *Quaestiones disputatae de anima*, a.14 ad.14.

[76]Vgl. DE AQUINO TOMÁS (SANTO). *Quaestiones disputatae de anima*, a.18 Resp.

[77]Vgl. DE AQUINO TOMÁS (SANTO). *Quaestiones disputatae de anima*, a.15 Resp.

[78]Vgl. DE AQUINO TOMÁS (SANTO). *Quaestiones disputatae de anima*, a.15 ad.9.

[79]Vgl. DE AQUINO TOMÁS (SANTO). *Quaestiones disputatae de anima*, a.15 ad.15.

[80]Vgl. DE AQUINO TOMÁS (SANTO). *Quaestiones disputatae de anima*, a.17 ad.4.

[81]Vgl. DE AQUINO TOMÁS (SANTO). *Quaestiones disputatae de anima*, a.17 ad.10.

[82]Vgl. DE AQUINO TOMÁS (SANTO). *Quaestiones disputatae de anima*, a.19 ad.2.

[83]Vgl. DE AQUINO TOMÁS (SANTO). *Quaestiones disputatae de anima*, a.19 ad.12.

[84]Vgl. DE AQUINO TOMÁS (SANTO). *Quaestiones disputatae de anima*, a.19 ad.15.

[85]Vgl. DE AQUINO TOMÁS (SANTO). *Quaestiones disputatae de anima*, a.19 ad.20.

[86]Vgl. DE AQUINO TOMÁS (SANTO). *Quaestiones disputatae de anima*, a.17 ad.9.

www.ingramcontent.com/pod-product-compliance
Lightning Source LLC
Chambersburg PA
CBHW071511220526
45472CB00003B/982